高等数学实践教程

丁平　刘洋　编著

中国石化出版社

内 容 提 要

本教材是针对一年制预科学生的教学而编写的。全书内容分为两部分,第一部分为初等数学(预备知识),共两章;第二部分为高等数学,共六章,包括极限与连续,导数与微分,微分中值定理及导数的应用,不定积分,定积分及其应用。每章内容都进行合理归类,帮助学生理解和掌握;并通过精选例题解析对解题方法进行归纳,帮助学生增强运算能力。各章有强化练习题,分为A题和B题,A题是基础题,B题是拔高题。书后附有自测题、模拟题及参考答案。

图书在版编目(CIP)数据

高等数学实践教程 / 丁平,刘洋编著.—北京：
中国石化出版社,2017.7(2018.8重印)
ISBN 978-7-5114-4519-3

Ⅰ.①高… Ⅱ.①丁… Ⅲ.①高等数学-教材
Ⅳ.①O13

中国版本图书馆 CIP 数据核字(2017)第 143439 号

未经本社书面授权,本书任何部分不得被复制、抄袭,或者以任何形式或任何方式传播。版权所有,侵权必究。

中国石化出版社出版发行
地址:北京市朝阳区吉市口路 9 号
邮编:100020 电话:(010)59964500
发行部电话:(010)59964526
http://www.sinopec-press.com
E-mail:press@sinopec.com
北京柏力行彩印有限公司印刷
全国各地新华书店经销
*
787×1092 毫米 16 开本 10 印张 250 千字
2018 年 8 月第 1 版第 2 次印刷
定价:28.00 元

前　　言

近年来，随着经济的发展，信息技术的广泛应用，加之高中数学课程的不断改革深入，全国各地教育水平得到了极大的发展和提高。通过与众多一线教师充分的沟通与讨论，以教育部制定的数学学科课程标准为依据，结合学生数学学科的普遍水平，遵循"为本而预，为预而补，预补结合"的原则，按照现代素质教育的教学理念，在总结多年来本科生培养经验的基础上，为适应学生数学学科发展的需求，特编写、出版此书。

本书充分考虑了学生数学基础的实际情况，针对学生各阶段的教学特点，首先指导学生对高中阶段掌握的数学知识进行查漏补缺，继而再进行本科数学知识的教学。本书注重培养学生对基本概念、基本内容、基本运算的掌握，加强对学生数学基本技能的训练。在习题配置上降低技巧难度而进一步突出基本题。同时，考虑到学生语言特点，本书在文字表述上努力做到详尽通畅、浅显易懂。

全书主要为两个部分，第一部分为预备知识(初等数学)，分为两章；第二部分为高等数学，分为六章。各章均由目的要求、内容结构、知识梳理、精选例题以及强化练习等五部分组成。书中将每章的知识点进行梳理，对解题方法进行系统归纳。其中，强化练习题分为A题和B题，更加适应于不同的学习阶段和不同层次学生的需求，帮助学生进行自我检验。书末编入了微分学和积分学的自测题、总复习题以及会考真题等。另外，书后附有各章强化练习题和自测题的参考答案和提示。本书内容简明扼要，例题解析精准，强化练习难易适中，使预科学生能够充分掌握该学科的知识要点，为全面提高学生的数学素养、继续深造，打下坚实的基础。

本书由辽宁石油化工大学的丁平、刘洋、潘斌、赵晓颖、高东日、张英宣参加讨论和编写，全书由丁平统稿。

本书在编写过程中得到了辽宁石油化工大学民族教育学院和理学院广大教师的支持和帮助，在此表示衷心的感谢！

由于编者水平有限，书中不足和考虑不周之处肯定不少，错误也在所难免，我们期待专家、同行和读者的批评和指正，使本书在教学实践中不断完善。

编者

2017 年 8 月

目　　录

第一篇　预备知识

第二篇　高等数学

第一篇

预备知识

第一章　初等函数

一、目的要求

(1) 理解函数、反函数、复合函数的概念；

(2) 掌握计算函数定义域值域的方法及反函数的求法；

(3) 掌握五个基本初等函数的概念、性质及其图像；

(4) 理解初等函数的概念，掌握复合函数的运算。

二、内容结构

$$
\begin{cases}
函数
\begin{cases}
函数的概念 \\
函数的性质 \\
反函数
\end{cases} \\[3em]
基本初等函数
\begin{cases}
幂函数 \\
指数函数 \\
对数函数 \\
三角函数 \\
反三角函数
\end{cases} \\[3em]
复合函数与初等函数
\begin{cases}
复合函数 \\
初等函数
\end{cases}
\end{cases}
$$

三、知识梳理

(一) 函数

1. 函数的基本概念

定义1　设 A、B 是两个非空数集，若在集合 A 中任取一个值 x，根据某一确定的对应法则 f，在集合 B 中都有唯一确定的值 $f(x)$ 与它对应，那么就称 f：$A \to B$ 为从集合 A 到集合 B 的函数，记作 $y=f(x)$，$x \in A$。其中 x 叫自变量，x 的取值范围 A 叫函数 $y=f(x)$ 的定义域；与 x 的值相对应的 y 的值叫函数值，函数值的全体组成的集合 C：$\{f(x) \mid x \in A\}$ $(C \subseteq B)$ 叫函数 $y=f(x)$ 的值域。

2. 函数的重要性质

(1) 奇偶性：设函数 $f(x)$ 的定义域为 D，且关于原点对称。对 $\forall x \in D$，若有 $f(-x) = -f(x)$，则称函数 $f(x)$ 为奇函数；若有 $f(-x) = f(x)$，则称函数 $f(x)$ 为偶函数。若 $f(-x) = -f(x)$ 和 $f(-x) = f(x)$ 都不成立，则函数 $f(x)$ 为非奇非偶函数。

（2）单调性：设函数 $f(x)$ 的定义域为 D，对 $\forall x_1$，$x_2 \in D$，当 $x_1 < x_2$ 时，若有 $f(x_1) < f(x_2)$，则称函数 $f(x)$ 在定义域 D 上单调增加；若有 $f(x_1) > f(x_2)$，则称函数 $f(x)$ 在定义域 D 上单调递减。

（3）周期性：设函数 $f(x)$ 的定义域为 D，若存在正数 T，对 $\forall x \in D$ 有 $(x \pm T) \in D$，且 $f(x+T) = f(x)$ 恒成立，则称函数 $f(x)$ 为周期函数，T 为函数 $f(x)$ 的一个周期（通常周期函数的周期是指最小正周期）。

（4）有界性：设函数的定义域为 D，数集 $X \subset D$。若存在正数 M，使得对于 $\forall x \in X$，都有 $|f(x)| \leqslant M$，则称函数 $f(x)$ 在 X 内有界；若这样的 M 不存在，则称函数 $f(x)$ 在 X 内无界。

3. 反函数

定义 2 设函数的定义域为 D，值域为 C。若对 $\forall y \in C$ 都有唯一的 $x \in D$ 适应关系 $f(x) = y$，那么就把此 x 值作为确定的 y 值的对应值，从而得到一个定义在 C 上的新函数。这个新函数称为 $y = f(x)$ 的反函数，记作 $x = f^{-1}(y)$。

定理 1 （反函数存在定理）若函数 $y = f(x)$ 是在定义域 D 上的单调函数，则它必存在反函数，且反函数也是单调的。

性质 1 原函数的定义域是反函数的值域，原函数的值域是反函数的定义域。

性质 2 原函数的图像与它的反函数的图像关于直线 $y = x$ 对称。

性质 3 原函数若为奇函数，则其反函数也为奇函数，偶函数没有反函数。

（二）基本初等函数

1. 幂函数

定义 3 一般地，形如 $y = x^{\mu}(\mu \in R)$ 的函数称为幂函数。

性质 1 所有的幂函数在 $(0, +\infty)$ 都有定义，并且图像都通过点 $(1, 1)$。

性质 2 若 $\mu > 0$，则幂函数的图像通过原点，并且在区间 $[0, +\infty)$ 上是单调递增。

性质 3 若 $\mu < 0$，则幂函数在区间 $(0, +\infty)$ 上单调递减，在第一象限内，当 x 从右边趋于原点时，图像在 y 轴右方无限地逼近 y 轴，当 $x \to +\infty$ 时，图像在 x 轴上方无限地逼近 x 轴。

2. 指数函数

定义 4 一般地，形如 $y = a^x(a > 0$，$a \neq 1$，$x \in R)$ 的函数称为指数函数。

性质 1 指数函数的定义域为实数集 R，值域为 $(0, +\infty)$。

性质 2 指数函数的图像必过点 $(0, 1)$。

性质 3 当 $a > 1$ 时，函数 $y = a^x$ 为增函数；当 $0 < a < 1$ 时，函数 $y = a^x$ 为减函数。

性质 4 函数 $y = a^x$ 与函数 $y = \left(\dfrac{1}{a}\right)^x$ 的图像关于 y 轴对称。

3. 对数函数

定义 5 形如 $y = \log_a x(a > 0$，$a \neq 1$，$x > 0)$ 的函数称为对数函数。

性质 1 对数函数的值域为实数集 R。

性质 2 在定义域内，当 $a > 1$ 时，函数 $y = \log_a x$ 为增函数；当 $0 < a < 1$ 时，函数 $y = \log_a x$ 为减函数。

性质 3 对数函数的图像必过点 $(1, 0)$。

4. 三角函数

定义 6　设 α 是任意角，α 的终边上任一点 $P(x, y)$，它与原点的距离为 $r=\sqrt{x^2+y^2}$，则：

(1) $\dfrac{y}{r}$ 称为 α 的正弦，记作 $\sin\alpha$，即 $\sin\alpha=\dfrac{y}{r}$；

(2) $\dfrac{x}{r}$ 称为 α 的余弦，记作 $\cos\alpha$，即 $\cos\alpha=\dfrac{x}{r}$；

(3) $\dfrac{y}{x}$ 称为 α 的正切，记作 $\tan\alpha$，即 $\tan\alpha=\dfrac{y}{x}$；

(4) $\dfrac{x}{y}$ 称为 α 的余切，记作 $\cot\alpha$，即 $\cot\alpha=\dfrac{x}{y}$；

(5) $\dfrac{r}{x}$ 称为 α 的正割，记作 $\sec\alpha$，即 $\sec\alpha=\dfrac{r}{x}$；

(6) $\dfrac{r}{y}$ 称为 α 的余割，记作 $\csc\alpha$，即 $\csc\alpha=\dfrac{r}{y}$。

以上六种函数是以角 α 为自变量的函数，分别称为角 α 的正弦函数、余弦函数、正切函数、余切函数、正割函数和余割函数。

公式 1　同角三角函数间的关系式

$\sin^2\alpha+\cos^2\alpha=1$；　　　　$1+\tan^2\alpha=\sec^2\alpha$；　　　　$1+\cot^2\alpha=\csc^2\alpha$；

$\tan\alpha=\dfrac{\sin\alpha}{\cos\alpha}$；　　　　　$\cot\alpha=\dfrac{\cos\alpha}{\sin\alpha}$；

$\sin\alpha\cdot\csc\alpha=1$；　　　$\cos\alpha\cdot\sec\alpha=1$；　　　$\tan\alpha\cdot\cot\alpha=1$。

公式 2　两角和与两角差的三角函数公式

$\sin(\alpha\pm\beta)=\sin\alpha\cos\beta\pm\cos\alpha\sin\beta$；

$\cos(\alpha\pm\beta)=\cos\alpha\cos\beta\mp\sin\alpha\sin\beta$；

$\tan(a\pm\beta)=\dfrac{\tan\alpha\pm\tan\beta}{1\mp\tan\alpha\tan\beta}$。

公式 3　二倍角公式

$\sin2\alpha=2\sin\alpha\cos\alpha$；

$\cos2\alpha=\cos^2\alpha-\sin^2\alpha=1-2\sin^2\alpha=2\cos^2\alpha-1$；

$\tan2\alpha=\dfrac{2\tan\alpha}{1-\tan^2\alpha}$。

公式 4　和差与积的互化公式

$\sin\alpha\cos\beta=\dfrac{1}{2}\left[\sin(\alpha+\beta)+\sin(\alpha-\beta)\right]$；

$\cos\alpha\sin\beta=\dfrac{1}{2}\left[\sin(\alpha+\beta)-\sin(\alpha-\beta)\right]$；

$\cos\alpha\cos\beta=\dfrac{1}{2}\left[\cos(\alpha+\beta)+\cos(\alpha-\beta)\right]$；

$$\sin\alpha\sin\beta = -\frac{1}{2}[\cos(\alpha+\beta)-\cos(\alpha-\beta)];$$

$$\sin\alpha+\sin\beta = 2\sin\frac{\alpha+\beta}{2}\cos\frac{\alpha-\beta}{2};$$

$$\sin\alpha-\sin\beta = 2\cos\frac{\alpha+\beta}{2}\sin\frac{\alpha-\beta}{2};$$

$$\cos\alpha+\cos\beta = 2\cos\frac{\alpha+\beta}{2}\cos\frac{\alpha-\beta}{2};$$

$$\cos\alpha-\cos\beta = -2\sin\frac{\alpha+\beta}{2}\sin\frac{\alpha-\beta}{2}。$$三角函数的性质见表1-1。

表1-1 三角函数的性质

函数名称	函数记号	定义域	值域	周期	奇偶性
正弦	$y=\sin x$	R	$[-1,1]$	2π	奇
余弦	$y=\cos x$	R	$[-1,1]$	2π	偶
正切	$y=\tan x$	$x\neq\left(n+\frac{1}{2}\right)\pi,\ n\in Z$	R	π	奇
余切	$y=\cot x$	$x\neq n\pi,\ n\in Z$	R	π	奇
正割	$y=\sec x$	$x\neq\left(n+\frac{1}{2}\right)\pi,\ n\in Z$	$(-\infty,-1],[1,+\infty)$	2π	偶
余割	$y=\csc x$	$x\neq n\pi,\ n\in Z$	$(-\infty,-1],[1,+\infty)$	2π	奇

5. 反三角函数

定义 7   函数 $y=\sin x\left(x\in\left[-\frac{\pi}{2},\ \frac{\pi}{2}\right]\right)$ 的反函数称为反正弦函数，记作 $y=\arcsin x(x\in[-1,\ 1])$。

性质 1   函数 $y=\arcsin x$ 的定义域为 $[-1,\ 1]$，值域为 $\left[-\frac{\pi}{2},\ \frac{\pi}{2}\right]$。

性质 2   函数 $y=\arcsin x$ 在其定义域内为增函数。

性质 3   函数 $y=\arcsin x$ 在其定义域内为奇函数。

定义 8   函数 $y=\cos x\ (x\in[0,\ \pi])$ 的反函数称为反余弦函数，记作 $y=\arccos x(x\in[-1,\ 1])$。

性质 1   函数 $y=\arccos x$ 的定义域为 $[-1,\ 1]$，值域为 $[0,\ \pi]$。

性质 2   函数 $y=\arccos x$ 在其定义域内为减函数。

性质 3   函数 $y=\arccos x$ 在其定义域内为非奇非偶函数，且有 $\arccos(-x)=\pi-\arccos x$ 成立。

定义 9   函数 $y=\tan x\left(x\in\left(-\frac{\pi}{2},\ \frac{\pi}{2}\right)\right)$ 的反函数称为反正切函数，记作 $y=\arctan x(x\in(-\infty,\ +\infty))$。

性质 1   函数 $y=\arctan x$ 的定义域为 $(-\infty,\ +\infty)$，值域为 $\left(-\frac{\pi}{2},\ \frac{\pi}{2}\right)$。

性质2　函数 $y = \arctan x$ 在其定义域上为增函数。

性质3　函数 $y = \arctan x$ 在其定义域上为奇函数。

定义10　函数 $y = \cot x$ $(x \in (0, \pi))$ 的反函数称为反余切函数，记作 $y = \operatorname{arccot} x$ $(x \in (-\infty, +\infty))$。

性质1　函数 $y = \operatorname{arccot} x$ 的定义域为 $(-\infty, +\infty)$，值域为 $(0, \pi)$。

性质2　函数 $y = \operatorname{arccot} x$ 在其定义域上为减函数。

性质3　函数 $y = \operatorname{arccot} x$ 在其定义域内为非奇非偶函数，且有等式 $\operatorname{arccot}(-x) = \pi - \operatorname{arccot} x$ 成立。

公式5　$\arcsin x + \arccos x = \dfrac{\pi}{2}$，$x \in [-1, 1]$；

$$\arctan x + \operatorname{arccot} x = \frac{\pi}{2}, \quad x \in (-\infty, +\infty)。$$

（三）复合函数与初等函数

1. 复合函数

定义11　若函数 $y = f(u)$ 的定义域为 D_1，而函数 $u = g(x)$ 的值域为 D_2，且对于所有的 $D_2 \subset D_1$，那么对 $\forall x \in D_2$ 通过函数 $u = g(x)$ 和 $y = f(u)$ 有唯一确定的数值 y 与 x 对应，从而得到一个以 x 为自变量，y 为因变量的函数，称该函数为由 f 和 u 复合而成的复合函数，记作 $y = f[g(x)]$。

2. 初等函数

定义12　由常数及基本初等函数经过有限次的四则运算及有限次的复合步骤所构成并且可以用一个式子表示的函数称为初等函数。

四、精选例题

（一）函数的概念和性质及反函数

例1　设函数 $f(x) = \dfrac{1}{\ln(3-x)} + \sqrt{16-x^2}$，求 $f(x)$ 的定义域。

解：要使得 $f(x)$ 有意义，必须满足 $\begin{cases} 16-x^2 \geq 0 \\ 3-x > 0 \\ \ln(3-x) \neq 0 \end{cases}$　得 $\begin{cases} -4 \leq x \leq 4 \\ x < 3 \\ 3-x \neq 1 \end{cases}$，故 $f(x)$ 的定义域为 $\{x \mid -4 \leq x < 2 \cup 2 < x < 3\}$。

例2　求函数 $y = \dfrac{x^2}{x^2+1}$ 的值域。

解：由 $y = \dfrac{x^2}{x^2+1}$ 得 $x^2 = \dfrac{y}{1-y} \geq 0$，得 $0 \leq y < 1$，故函数 $f(x)$ 的值域为 $[0, 1)$。

例3　已知函数 $f\left(x + \dfrac{1}{x}\right) = x^2 + \dfrac{1}{x^2} - 5$，求 $f(x)$。

分析：本题使用变量替换法求解。

解： 令 $t=x+\dfrac{1}{x}$，则 $f(t)=x^2+\dfrac{1}{x^2}-5=\left(x+\dfrac{1}{x}\right)^2-7=t^2-7$，即所求函数为

$f(x)=x^2-7$。

例 4 判断函数 $f(x)=\dfrac{\sqrt{4-x^2}}{|x+3|-3}$ 的奇偶性。

解： 函数 $f(x)$ 的定义域满足 $\begin{cases}4-x^2\geqslant 0\\|x+3|-3\neq 0\end{cases}$，即 $-2\leqslant x\leqslant 2$ 且 $x\neq 0$，函数 $f(x)$ 的定义域

关于原点对称，且 $f(x)=\dfrac{\sqrt{4-x^2}}{x+3-3}=\dfrac{\sqrt{4-x^2}}{x}$，又 $f(-x)=\dfrac{\sqrt{4-(-x)^2}}{-x}=-\dfrac{\sqrt{4-x^2}}{x}=-f(x)$，故

函数 $f(x)$ 为奇函数。

例 5 求函数 $y=\log_2(x^2+1)-5$ $(x<0)$ 的反函数。

解： 由 $y=\log_2(x^2+1)-5$ 得 $x^2=2^{y+5}-1$，又因为 $x<0$，得 $x=-\sqrt{2^{y+5}-1}$，所以反函数为 $y=-\sqrt{2^{x+5}-1}$。

（二）基本初等函数

例 6 设 $y_1=4^{0.9}$，$y_2=8^{0.48}$，$y_1=\left(\dfrac{1}{2}\right)^{-1.5}$，比较它们的大小。

解： $y_1=4^{0.9}=2^{1.8}$，$y_2=8^{0.48}=2^{1.44}$，$y_1=\left(\dfrac{1}{2}\right)^{-1.5}=2^{1.5}$，显然 $y_1>y_3>y_2$。

例 7 已知函数 $f(x)=\dfrac{a}{a^2-1}(a^x-a^{-x})$ $(a>0$，且 $a\neq 1)$，

（1）判断函数 $f(x)$ 的奇偶性；（2）讨论函数 $f(x)$ 的单调性。

解： （1）函数 $f(x)$ 的定义域为 R，关于原点对称，又 $f(-x)=\dfrac{a}{a^2-1}(a^{-x}-a^x)=-f(x)$，故

函数 $f(x)$ 为奇函数。

（2）当 $a>1$ 时，$a^2-1>0$，$y=a^x$ 为增函数，$y=a^{-x}$ 为减函数，从而 $y=a^x-a^{-x}$ 为增函数，故函数 $f(x)$ 为增函数。

当 $0<a<1$ 时，$a^2-1<0$，$y=a^x$ 为减函数，$y=a^{-x}$ 为增函数，从而 $y=a^x-a^{-x}$ 为减函数，故函数 $f(x)$ 为增函数。

综上，当 $a>0$，且 $a\neq 1$ 时，函数 $f(x)$ 在定义域内单调递增。

例 8 已知 $\tan\alpha=2$，求 $\sin^2\alpha+3\sin\alpha\cos\alpha+4\cos^2\alpha$。

解： $\sin^2\alpha+3\sin\alpha\cos\alpha+4\cos^2\alpha$

$=\dfrac{\sin^2\alpha+3\sin\alpha\cos\alpha+4\cos^2\alpha}{\sin^2\alpha+\cos^2\alpha}$

$=\dfrac{\tan^2\alpha+3\tan\alpha+4}{\tan^2\alpha+1}$

$=\dfrac{4+3\cdot 2+4}{4+1}=\dfrac{14}{5}$

例9 已知 $\sin\alpha + \cos\alpha = \dfrac{2}{3}(0 \leqslant \alpha < \pi)$，求 $\tan\alpha$。

解：将 $\sin\alpha + \cos\alpha = \dfrac{2}{3}$ 两边平方得 $(\sin\alpha + \cos\alpha)^2 = \dfrac{4}{9}$，即 $1 + 2\sin\alpha\cos\alpha = \dfrac{4}{9}$，

得 $\sin\alpha\cos\alpha = -\dfrac{5}{18}$，得 $(\sin\alpha - \cos\alpha)^2 = \dfrac{14}{9}$，又因为 $0 \leqslant \alpha < \pi$，$\sin\alpha - \cos\alpha = \dfrac{\sqrt{14}}{3}$，解得 $\sin\alpha = $

$\dfrac{2+\sqrt{14}}{6}$，$\cos\alpha = \dfrac{2-\sqrt{14}}{6}$，可得 $\tan\alpha = \dfrac{2+\sqrt{14}}{2-\sqrt{14}}$。

例10 求函数 $y = \dfrac{1}{2}\cos^2 x + \dfrac{\sqrt{3}}{2}\sin x\cos x + 1 \,(x \in R)$ 的最大值和最小值。

解：$y = \dfrac{1}{2}\cos^2 x + \dfrac{\sqrt{3}}{2}\sin x\cos x + 1$

$= \dfrac{1}{4}(1 + \cos 2x) + \dfrac{\sqrt{3}}{4}\sin 2x + 1$

$= \dfrac{1}{2}\left(\dfrac{\sqrt{3}}{2}\sin 2x + \dfrac{1}{2}\cos 2x\right) + \dfrac{5}{4}$

$= \dfrac{1}{2}\sin\left(2x + \dfrac{\pi}{6}\right) + \dfrac{5}{4}$，

当 $2x + \dfrac{\pi}{6} = \dfrac{\pi}{2} + 2k\pi$，$k \in Z$ 时，y 取得最大值 $\dfrac{7}{4}$；当 $2x + \dfrac{\pi}{6} = \dfrac{3\pi}{2} + 2k\pi$，$k \in Z$ 时，y 取得最

小值 $\dfrac{3}{4}$。

例11 函数 $f(x) = a^{x^2 - ax - 1}$ 在 $(1, +\infty)$ 上是单调递增函数，求 a 的取值范围。

分析：根据复合函数的性质，内外层函数同增异减。

解：令 $u(x) = x^2 - ax - 1 = \left(x - \dfrac{a}{2}\right)^2 - \dfrac{a^2}{4} - 1$，则 $f(u) = a^u$。

当 $a > 1$ 时，$f(u) = a^u$ 在 $(1, +\infty)$ 上是增函数，则 $u(x) = \left(x - \dfrac{a}{2}\right)^2 - \dfrac{a^2}{4} - 1$ 在 $(1, +\infty)$ 上

必为增函数，所以 $\dfrac{a}{2} \leqslant 1$，即 $1 < a \leqslant 2$；

当 $0 < a < 1$ 时，$f(u) = a^u$ 在 $(1, +\infty)$ 上是减函数，则 $u(x) = \left(x - \dfrac{a}{2}\right)^2 - \dfrac{a^2}{4} - 1$ 在 $(1, +\infty)$

上不可能为减函数，故 $0 < a < 1$ 不能成立；

综上，当 $1 < a \leqslant 2$ 时，$f(x) = a^{x^2 - ax - 1}$ 在 $(1, +\infty)$ 上是单调递增函数。

例12 若 $\log_a(a^2 + 1) < \log_a 2a < 0$，求 a 的取值范围。

解：由于 $a^2 + 1 > 1$ 且 $\log_a(a^2 + 1) < 0$，可知 $0 < a < 1$。不等式等价于 $\begin{cases} 0 < a < 1 \\ 2a > 1 \end{cases}$ 得 $\dfrac{1}{2} < a < 1$，故 a

的取值范围为 $\dfrac{1}{2} < a < 1$。

例13 已知函数 $y=f[\log_2(x-3)]$ 的定义域为 $[4，11]$，求函数 $y=f(x)$ 的定义域。

解： 由 $4\le x\le11$，得 $1\le x-3\le8$，故 $\log_2 1\le\log_2(x-3)\le\log_2 8$，即 $0\le\log_2(x-3)\le3$，所以 $y=f(x)$ 的定义域为 $[0，3]$。

例14 若函数 $f(x)$ 的定义域为 $\left(\dfrac{1}{9}，1\right)$，求函数 $y=f(9^x)$ 的定义域。

解： 由 $\dfrac{1}{9}<9^x<1$，得 $-1<x<0$，故 $y=f(9^x)$ 的定义域为 $-1<x<0$。

五、强化练习

（一）选择题

1. 下列函数中，在其定义域内既是奇函数又是减函数的是（　　）。

A. $y=-x^3$ 　　　　 B. $y=\sin x$ 　　　　 C. $y=x$ 　　　　 D. $y=\left(\dfrac{1}{2}\right)^x$

2. 函数 $y=3^x$ 的图像与函数 $y=\left(\dfrac{1}{3}\right)^{x-2}$ 的图像关于（　　）。

A. 点 $(-1，0)$ 对称 　　　　　　 B. 直线 $x=1$ 对称

C. 点 $(1，0)$ 对称 　　　　　　 D. 直线 $x=-1$ 对称

3. 函数 $f(x)=\sqrt{\log_2 x-2}$ 的定义域为（　　）。

A. $(3，+\infty)$ 　　 B. $(4，+\infty)$ 　　 C. $[3，+\infty)$ 　　 D. $[4，+\infty)$

4. 设 $a=\log_{0.7}0.8$，$b=\log_{1.1}0.9$，$c=1.1$，则 a，b，c 的大小顺序为（　　）。

A. $a<b<c$ 　　 B. $b<c<a$ 　　 C. $b<a<c$ 　　 D. $c<a<b$

5. 函数 $y=\log_3(x^2-2x)$ 的单调递减区间为（　　）。

A. $(2，+\infty)$ 　　 B. $(-\infty，0)$ 　　 C. $(-\infty，1)$ 　　 D. $(1，+\infty)$

6. 若函数 $y=(a^2-1)^x$ 在 $(-\infty，+\infty)$ 上为减函数，则 a 满足（　　）。

A. $|a|<1$ 　　 B. $1<|a|<2$ 　　 C. $1<|a|<\sqrt{2}$ 　　 D. $1<a<\sqrt{2}$

7. 已知 $\cos\theta\cdot\tan\theta<0$，则角 θ 是（　　）。

A. 第一或第二象限角 　　　　 B. 第二或第三象限角

C. 第三或第四象限角 　　　　 D. 第一或第四象限角

8. $\sin7°\cos37°-\sin83°\cos53°$ 的值是（　　）。

A. $-\dfrac{1}{2}$ 　　 B. $\dfrac{1}{2}$ 　　 C. $\dfrac{\sqrt{3}}{2}$ 　　 D. $-\dfrac{\sqrt{3}}{2}$

9. 当 $x\in\left[-\dfrac{\pi}{2}，\dfrac{\pi}{2}\right]$ 时，函数 $f(x)=\sin x+\sqrt{3}\cos x$ 的取值范围（　　）。

A. 最大值为1，最小值为 -1 　　　　 B. 最大值为1，最小值为 $-\dfrac{1}{2}$

C. 最大值为2，最小值为 -2 　　　　 D. 最大值为2，最小值为 -1

10. 已知 $\sin\left(\dfrac{\pi}{4}-x\right)=\dfrac{3}{5}$，则 $\sin2x$ 的值为（　　）。

A. $\dfrac{19}{25}$ 　　　　B. $\dfrac{16}{25}$ 　　　　C. $\dfrac{14}{25}$ 　　　　D. $\dfrac{7}{25}$

11. 已知 $\sin2\alpha=\dfrac{2}{3}$，则 $\cos2\alpha$ 的值为(　　　)。

A. $\dfrac{2\sqrt5}{3}-1$ 　　　B. $\dfrac{1}{9}$ 　　　C. $\dfrac{5}{9}$ 　　　D. $1-\dfrac{\sqrt5}{3}$

12. 下列各式中，值为 $\dfrac{1}{2}$ 的是(　　　)。

A. $\sin15°\cos15°$ 　　　　　　　B. $\cos^2\dfrac{\pi}{6}-\sin^2\dfrac{\pi}{6}$

C. $\dfrac{\tan\dfrac{\pi}{6}}{1-\tan^2\dfrac{\pi}{6}}$ 　　　　　　　D. $\sqrt{\dfrac{1+\cos\dfrac{\pi}{6}}{2}}$

13. 函数 $f(x)=(1+\sqrt3\tan x)\cos x$ 的最小正周期为(　　　)。

A. 2π 　　　B. $\dfrac{3\pi}{2}$ 　　　C. π 　　　D. $\dfrac{\pi}{2}$

14. 下列关系式中正确的是(　　　)。
A. $\sin11°<\cos10°<\sin168°$ 　　　　B. $\sin168°<\sin11°<\cos10°$
C. $\sin11°<\sin168°<\cos10°$ 　　　　D. $\sin168°<\cos10°<\sin11°$

15. 函数 $y=2\sin\left(2x-\dfrac{\pi}{4}\right)$ 的一个单调递减区间为(　　　)。

A. $\left[\dfrac{3\pi}{8},\dfrac{7\pi}{8}\right]$ 　B. $\left[-\dfrac{\pi}{8},\dfrac{3\pi}{8}\right]$ 　C. $\left[\dfrac{3\pi}{4},\dfrac{5\pi}{4}\right]$ 　D. $\left[-\dfrac{\pi}{4},\dfrac{\pi}{4}\right]$

16. 函数 $y=\arccos\left(\lg\dfrac{x}{5}\right)$ 的定义域是(　　　)。

A. $\left[\dfrac{1}{2},50\right]$ 　B. $\left[-\dfrac{1}{2},50\right]$ 　C. $\left[\dfrac{1}{5},50\right]$ 　D. $\left[-\dfrac{1}{5},50\right]$

17. 方程组 $\begin{cases}\sin(\arcsin x)=x\\\arcsin(\sin x)=x\end{cases}$ 的解集是(　　　)。

A. $[-1,1]$ 　B. $\left[-\dfrac{\pi}{2},\dfrac{\pi}{2}\right]$ 　C. R 　D. Φ

18. $\cos\left(\arcsin\dfrac{1}{2}+\arccos\dfrac{1}{2}\right)=($　　　$)$。

A. $\dfrac{1}{2}$ 　　　B. $\dfrac{1}{4}$ 　　　C. 0 　　　D. $\dfrac{\pi}{3}$

19. 函数 $y=\cos x$ 在 $[\pi,2\pi]$ 上的反函数是(　　　)。
A. $\arccos x$ 　　B. $\pi+\arccos x$ 　　C. $2\pi-\arccos x$ 　　D. $\pi-\arccos x$

（二）填空题

1. 已知函数 $f(x)=\begin{cases} x^2+\dfrac{1}{2}, & -1<x<0 \\ e^{x-1}, & x\geq 0 \end{cases}$，若 $f(1)+f(a)=2\,(a<0)$，则 $a=$ _____。

2. 若函数 $y=f(x)$ 的定义域为 $[-1，0)$，则 $f(x^2-3)$ 的定义域为 _____。

3. 函数 $f(\sqrt{x}+1)=x+2\sqrt{x}$，则 $f(x)=$ _____。

4. 函数 $f(x)$ 满足 $2f(x)+f\left(\dfrac{1}{x}\right)=3x$，则 $f(x)=$ _____。

5. 函数 $y=\log_{\frac{1}{2}}(-x^2-2x+3)$ 的单调递减区间为 _____。

6. 若函数 $f(x)=\dfrac{1}{2^x-1}+a$ 是奇函数，则 $a=$ _____。

7. 函数 $y=3^{\frac{1}{1-x}}$ 的值域为 _____。

8. 幂函数 $f(x)=(m^2-m-1)x^{m^2+m-3}$ 在 $(0，+\infty)$ 上为减函数，则 $m=$ _____。

（三）计算题

1. 已知函数 $y=a+x$ 与 $y=bx-\dfrac{1}{3}$ 互为反函数，求 a，b 的值。

2. 已知函数 $f(x)=kx+\dfrac{6}{x}-7$，且 $f(2+\sqrt{3})=0$，求 $f\left(\dfrac{1}{\sqrt{3}-2}\right)$ 的值。

3. 设 $\tan x=2$，求 $\dfrac{\sin 2x}{1+\cos^2 x}$ 的值。

4. 求不等式 $7^{x^2+2x-3}<1$ 的解集。

5. 若 $\sin\alpha$，$\cos\alpha$ 是关于 x 的方程 $2x^2+3x+k=0$ 的两根，求 k 的值。

6. 已知 $\sin\alpha-\cos\alpha=\dfrac{2}{3}$，$\left(0\leq\alpha\leq\dfrac{\pi}{2}\right)$，求 $\sin\alpha$ 及 $\cos\alpha$ 的值。

7. 已知函数 $f(x)=\log_a\dfrac{1+x}{1-x}\,(a>0$，且 $a\neq 1)$，

（1）求 $f(x)$ 的定义域；

（2）判断 $f(x)$ 的奇偶性，并加以证明；

（3）求使 $f(x)>0$ 的 x 的取值范围。

8. 计算下列反三角函数的值

（1）$\arcsin\left(\sin\dfrac{5\pi}{6}\right)$ 　　　　　　　　（2）$\arccos\left(\sin\dfrac{\pi}{3}\right)$

（3）$\arctan\left(2\cos\dfrac{5\pi}{6}\right)$ 　　　　　　　　（4）$\cos\left(\arccos\dfrac{1}{2}\right)$

9. 设 $f(x)=\lg\dfrac{2+x}{2-x}$，求 $f\left(\dfrac{x}{2}\right)+f\left(\dfrac{2}{x}\right)$ 的定义域。

10. 求函数 $y=\arcsin\dfrac{x^2-x}{2}$ 的定义域和值域。

11. 求函数 $y=3^{x^2-x+6}$ 的单调区间。

12. 若 $\tan\alpha=2$，求

（1）$\dfrac{2\sin\alpha-\cos\alpha}{\sin\alpha+2\cos\alpha}$；

（2）$\dfrac{4\sin\alpha-2\cos\alpha}{5\sin\alpha+3\cos\alpha}$；

（3）$2\sin^2\alpha-\dfrac{3}{2}\sin\alpha\cdot\cos\alpha+5\cos^2\alpha$；

（4）$\dfrac{3\sin^3\alpha+5\sin\alpha\cos\alpha}{5\cos^2\alpha-2\sin\alpha\cos\alpha}$。

13. 已知 α 是三角形的内角，且 $\sin\alpha+\cos\alpha=\dfrac{1}{5}$，

（1）求 $\tan\alpha$ 的值；

（2）把 $\dfrac{1}{\cos^2\alpha-\sin^2\alpha}$ 用 $\tan\alpha$ 表示出来，并求其值。

14. 化简 $\dfrac{\tan(\pi-\alpha)\cos(2\pi-\alpha)\sin\left(-\alpha+\dfrac{3\pi}{2}\right)}{\cos(-\alpha-\pi)\sin(-\pi-\alpha)}$。

15. 已知函数 $f(x)=2\sqrt{3}\sin x\cos x+2\cos^2 x-1$，$(x\in R)$，求函数 $f(x)$ 的最小正周期及最大值和最小值。

第二章 直线与二次曲线

一、目的要求

（1）掌握五种类型的直线方程；

（2）掌握圆、椭圆、双曲线、抛物线的定义、性质、图像；

（3）掌握直线与圆锥曲线之间的位置关系；

（4）理解极坐标与参数方程的定义，以及极坐标和参数方程以及直角坐标之间的相互转化。

二、内容结构

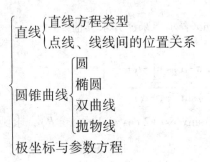

三、知识梳理

（一）直线

1. 直线方程

（1）直线的倾斜角：

在直角坐标系中，对于一条与 x 轴相交的直线，我们规定直线向上的方向与 x 轴的正方向所成的最小正角 α 称为直线的倾斜角。倾斜角 α 的取值范围是 $0 \leqslant \alpha < \pi$。

（2）直线的斜率：

当倾斜角 $\alpha \neq \dfrac{\pi}{2}$ 时，称 $k = \tan\alpha$ 为直线的斜率。

（3）直线方程的类型（见表 2-1）：

表 2-1　直线方程的类型

名　称	方　程	适 用 范 围
点斜式	$y - y_0 = k(x - x_0)$	不含垂直 x 轴的直线
斜截式	$y = kx + b$	不含垂直 x 轴的直线

名　称	方　程	适用范围
两点式	$\dfrac{y-y_1}{y_2-y_1}=\dfrac{x-x_1}{x_2-x_1}$，$(x_1,\ y_1)$，$(x_2,\ y_2)$ 为直线上的两点	不含垂直 x 轴的直线
截距式	$\dfrac{x}{a}+\dfrac{y}{b}=1$，$a$，$b$ 分别为直线在 x 轴和 y 轴的截距	不含垂直于坐标轴和经过原点的直线
一般式	$Ax+By+C=0$，A，B 不同时为 0	平面直接坐标系中的任何直线

2. 点线、线线间的位置关系

（1）点与直线的位置关系：

定点 $M(x_0,\ y_0)$ 与直线 $Ax+By+C=0$ 间的距离 $d=\dfrac{|Ax_0+By_0+C|}{\sqrt{A^2+B^2}}$，当 $d=0$ 时，

即 $Ax_0+By_0+C=0$ 时，则定点 $M(x_0,\ y_0)$ 在直线 $Ax+By+C=0$ 上。

（2）线线间的位置关系：

设已知两条直线 l_1，l_2 的方程分别为

l_1：$y=k_1x+b_1$　　　$A_1x+B_1y+C_1=0$

l_2：$y=k_2x+b_2$　或　$A_2x+B_2y+C_2=0$

① $l_1//l_2$ 且不重合 $\Leftrightarrow k_1=k_2$，$b_1\neq b_2\Leftrightarrow\dfrac{A_1}{A_2}=\dfrac{B_1}{B_2}\neq\dfrac{C_1}{C_2}$；

② l_1 与 l_2 相交 $\Leftrightarrow k_1\neq k_2\Leftrightarrow\dfrac{A_1}{A_2}\neq\dfrac{B_1}{B_2}$；

③ $l_1\perp l_2\Leftrightarrow k_1\cdot k_2=-1\Leftrightarrow A_1\cdot A_2+B_1\cdot B_2=0$；

④ l_1 与 l_2 相交，且夹角 θ 的正切值 $\tan\theta=\dfrac{|k_1-k_2|}{1+k_1k_2}=\dfrac{|A_1B_2-A_2B_1|}{A_1A_2+B_1B_2}(k_1k_2\neq-1)$。

（二）圆锥曲线

1. 圆的方程

（1）圆的标准方程：$(x-a)^2+(y-b)^2=r^2$，表示圆心为 $(a,\ b)$，半径为 r 的圆。

（2）圆的一般方程：$x^2+y^2+Dx+Ey+F=0$，$(D^2+E^2-4F>0)$，表示圆心为 $\left(-\dfrac{D}{2},\ -\dfrac{E}{2}\right)$，

半径为 $\dfrac{\sqrt{D^2+E^2-4F}}{2}$ 的圆。

2. 椭圆的方程

椭圆的标准方程与几何性质见表 2-2。

表 2-2　椭圆的标准方程与几何性质

定义	动点到两个定点之和等于定长的点的轨迹	
标准方程	$\dfrac{x^2}{a^2}+\dfrac{y^2}{b^2}=1(a>b>0)$	$\dfrac{x^2}{b^2}+\dfrac{y^2}{a^2}=1(a>b>0)$

续表

定义	动点到两个定点之和等于定长的点的轨迹	
图像		
取值范围	$-a \leqslant x \leqslant a$，$-b \leqslant y \leqslant b$	$-b \leqslant x \leqslant b$，$-a \leqslant y \leqslant a$
对称性	对称轴：坐标轴；对称中心：$(0, 0)$	
顶点	$A_1(-a, 0)$，$A_2(a, 0)$ $B_1(0, -b)$，$B_2(0, b)$	$A_1(0, -a)$，$A_2(0, a)$ $B_1(-b, 0)$，$B_2(b, 0)$
轴	长轴 $A_1A_2 = 2a$，短轴 $B_1B_2 = 2b$	
焦距	$F_1F_2 = 2c \left(c = \sqrt{a^2 - b^2} \right)$	
准线	$x = \pm \dfrac{a^2}{c}$	$y = \pm \dfrac{a^2}{c}$
离心率	$e = \dfrac{c}{a} \in (0, 1)$	
焦半径	$r_1 = \mid ex_0 + a \mid$，$r_2 = \mid a - ex_0 \mid$	$r_1 = \mid ey_0 + a \mid$，$r_2 = \mid a - ey_0 \mid$
通径	$H_1H_2 = \dfrac{2b^2}{a}$	$H_1H_2 = \dfrac{2b^2}{a}$

3. 双曲线的方程

双曲线的标准方程与几何性质见表 2-3。

表 2-3 双曲线的标准方程与几何性质

定义	动点到两个定点的距离之差的绝对值等于定长的点的轨迹	
标准方程	$\dfrac{x^2}{a^2} - \dfrac{y^2}{b^2} = 1 (a>0, b>0)$	$\dfrac{y^2}{a^2} - \dfrac{x^2}{b^2} = 1 (a>0, b>0)$
图像		
取值范围	$x \geqslant a$，$x \leqslant -a$，$y \in R$	$x \in R$，$y \geqslant a$，$y \leqslant -a$
对称性	对称轴为坐标轴；对称中心为$(0, 0)$	
顶点	$A_1(-a, 0)$，$A_2(a, 0)$	$A_1(0, -a)$，$A_2(0, a)$

定义	动点到两个定点的距离之差的绝对值等于定长的点的轨迹	
轴	实轴 $A_1A_2=2a$，虚轴 $B_1B_2=2b$	
焦距	$F_1F_2=2c\,(c=\sqrt{a^2+b^2})$	
准线	$x=\pm\dfrac{a^2}{c}$	$y=\pm\dfrac{a^2}{c}$
渐近线	$y=\pm\dfrac{b}{a}x$	$y=\pm\dfrac{a}{b}x$
离心率	$e=\dfrac{c}{a}\in(1,\ +\infty)$	
焦半径	$r_1=\mid ex_0+a\mid$，$r_2=\mid a-ex_0\mid$	$r_1=\mid ey_0+a\mid$，$r_2=\mid a-ey_0\mid$
通径	$H_1H_2=\dfrac{2b^2}{a}$	$H_1H_2=\dfrac{2b^2}{a}$
共轭双曲线	$\dfrac{x^2}{a^2}-\dfrac{y^2}{b^2}=1$ 与 $\dfrac{x^2}{a^2}-\dfrac{y^2}{b^2}=-1\,(a>0,\ b>0)$	

4. 抛物线方程

抛物线的标准方程与几何性质见表 2-4。

表 2-4　抛物线的标准方程与几何性质

定义	动点到定点的距离等于动点到定直线的距离的点的轨迹			
标准方程	$y^2=2px\,(p>0)$	$y^2=-2px\,(p>0)$	$x^2=2py\,(p>0)$	$x^2=-2py\,(p>0)$
图像				
取值范围	$x\geqslant0$，$y\in R$	$x\leqslant0$，$y\in R$	$x\in R$，$y\geqslant0$	$x\in R$，$y\leqslant0$
焦点坐标	$\left(\dfrac{p}{2},\ 0\right)$	$\left(-\dfrac{p}{2},\ 0\right)$	$\left(0,\ \dfrac{p}{2}\right)$	$\left(0,\ -\dfrac{p}{2}\right)$
准线方程	$x=-\dfrac{p}{2}$	$x=\dfrac{p}{2}$	$y=-\dfrac{p}{2}$	$y=\dfrac{p}{2}$
离心率	$e=1$			
焦半径	$MF=x_0+\dfrac{p}{2}$	$MF=\dfrac{p}{2}-x_0$	$MF=y_0+\dfrac{p}{2}$	$MF=\dfrac{p}{2}-y_0$
通径	$H_1H_2=2p$			

5. 圆锥曲线与直线相交

设平面内的直线 $l:y=kx+b$ 和圆锥曲线 $C:F(x,\ y)=0$ 相交于 $A(x_1,\ y_1)$，$B(x_2,\ y_2)$ 两点，则线段 AB 的长度

$$AB = \sqrt{1+k^2} \cdot \sqrt{(x_1+x_2)^2 - 4x_1x_2} = \sqrt{1+\frac{1}{k^2}} \cdot \sqrt{(y_1+y_2)^2 - 4y_1y_2}。$$

（三）极坐标与参数方程

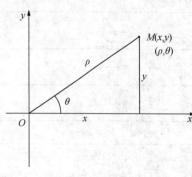

图 2-1 极坐标系

1. 极坐标系

在平面内取一定点 O，从 O 点出发作一条水平向右的射线 Ox，并取定长度单位和转角的正方向(规定逆时针方向旋转为正角)，这样构成了极坐标系(见图 2-1)。定点 O 称为极点，射线 Ox 称为极轴。平面内任意一点 M 可用有序实数对 (ρ, θ) 表示，其中 ρ 为 OM 的长度，θ 为从 Ox 旋转到 OM 的角度，称为极角，规定 $\rho \geq 0$，$\theta \in [0, 2\pi]$ 或 $\theta \in [-\pi, \pi]$。

2. 极坐标和直角坐标的相互转换

设点 M 为平面上的任意点，它的直角坐标为 (x, y)，极坐标为 (ρ, θ)，由图 2-1 可知 $\begin{cases} x=\rho\cos\theta \\ y=\rho\sin\theta \end{cases}$，$\begin{cases} \rho^2 = x^2+y^2 \\ \tan\theta = \dfrac{y}{x}(x \neq 0) \end{cases}$。

3. 参数方程

一般地，在平面直角坐标系中，曲线上任意一点的 M 的坐标 x，y 都是关于变量 t 的函数，即 $\begin{cases} x=\varphi(t) \\ y=\phi(t) \end{cases}$ $(a \leq t \leq b)$，并且对于 t 的每一个允许值，由方程组所确定的点 (x, y) 都在这条曲线上，那么该方程组称为这条曲线的参数方程，其中 t 称为参数。相对于参数方程而言，直接给出点的坐标间关系的方程称为普通方程。

4. 曲线的参数方程和普通方程间的相互转换

一般情况下，若将参数方程转化为普通方程，只需消去参数方程中的参数 t；若将普通方程转化为参数方程，需将普通方程适当地变形后选择适当的参数 t，整理成 x，y 关于 t 的方程组的形式。

四、精选例题

例 1 已知直线 l 的倾斜角 α 的正弦值 $\sin\alpha = \dfrac{3}{5}$，求该直线的斜率 k 和倾斜角 α。

解： 因为 $\sin\alpha = \dfrac{3}{5}$，$\alpha \in (0, \pi)$，所以有

$$\cos\alpha = \pm\sqrt{1-\sin^2\alpha} = \pm\sqrt{1-\frac{9}{25}} = \pm\frac{4}{5}, \quad \tan\alpha = \pm\frac{3}{4},$$

故 $\alpha = \arctan\dfrac{3}{4}$ 或者 $\alpha = \pi - \arctan\dfrac{3}{4}$。

例 2 求直线 $x\sin\alpha - y + 1 = 0$ 的倾斜角的取值范围。

解： 由 $x\sin\alpha - y + 1 = 0$ 得 $y = x\sin\alpha + 1$，设直线的倾斜角为 θ，则有 $\tan\theta = \sin\alpha$，且 $-1 \leq \tan\theta$

$\leqslant 1$，$\theta \in [0, \pi)$，解得 $0 \leqslant \theta \leqslant \dfrac{\pi}{4}$ 或 $\dfrac{3\pi}{4} \leqslant \theta < \pi$。

例3　已知直线 l_1：$ax+2y+6=0$ 和直线 l_2：$x+(a-1)y+a^2-1=0$。

（1）当 $l_1 /\!/ l_2$ 时，求 a 的值；

（2）当 $l_1 \perp l_2$ 时，求 a 的值。

解：（1）$l_1 /\!/ l_2 \Leftrightarrow \dfrac{a}{1} = \dfrac{2}{a-1} \neq \dfrac{6}{a^2-1}$，解得 $a=-1$，故当 $a=-1$ 时 $l_1 /\!/ l_2$。

（2）$l_1 \perp l_2 \Leftrightarrow a+2(a-1)=0$，解得 $a=\dfrac{2}{3}$，故当 $a=\dfrac{2}{3}$ 时 $l_1 \perp l_2$。

例4　已知直线过点 $P(-5, -4)$，且与坐标轴围成的三角形的面积为5，求此直线方程。

分析：直线与坐标轴有关，故此题采用直线方程的截距式。

解：设所求方程为 $\dfrac{x}{a}+\dfrac{y}{b}=1$，代入点 $P(-5, -4)$，$\dfrac{-5}{a}+\dfrac{-4}{b}=1$，即 $4a+5b=-ab$，又 $\dfrac{1}{2}|ab|=5$，故 $a=-\dfrac{5}{2}$，$b=4$，或 $a=5$，$b=-2$。

故所求的直线方程 $\dfrac{x}{-\frac{5}{2}}+\dfrac{y}{4}=1$，即 $8x-5y+20=0$，或 $\dfrac{x}{5}+\dfrac{y}{-2}=1$，即 $2x-5y-10=0$。

例5　方程 $x^2+y^2+4mx-2y+5m=0$ 表示圆的条件为（　　　　）。

A. $\dfrac{1}{4} < m < 1$　　　　　B. $m>1$　　　　　C. $m < \dfrac{1}{4}$　　　　　D. $m < \dfrac{1}{4}$ 或 $m>1$

分析：由圆的一般方程可知 $D^2+E^2-4F=(4m)^2+(-2)^2-4 \times 5m > 0$，解得 $m < \dfrac{1}{4}$ 或 $m>1$，故选择 D。

例6　判断直线与圆的位置关系：

（1）l_1：$y=2x+5$，圆 C_1：$x^2+y^2=4$；

（2）l_2：$3x+y-6=0$，圆 C_2：$x^2+y^2-2y-4=0$；

（3）l_3：$x-y-4=0$，圆 C_3：$x^2+y^2=8$。

分析：判断直线与圆的位置关系，要计算圆心 (x_0, y_0) 与直线的距离 $d=\dfrac{|Ax_0+By_0+C|}{\sqrt{A^2+B^2}}$，并比较 d 与半径 r 的大小关系，$d>r$，直线与圆相离，$d=r$，直线与圆相切，$d<r$，直线与圆相交。

解：（1）由圆的方程可知，圆心 $O_1(0, 0)$，半径 $r_1=2$，$d_1=\dfrac{|2 \cdot 0-0+5|}{\sqrt{2^2+(-1)^2}}=\sqrt{5}>2$，所以直线与圆相离。

（2）由圆的方程可知，圆心 $O_2(0, 1)$，半径 $r_2=\sqrt{5}$，$d_2=\dfrac{|3 \cdot 0+1-6|}{\sqrt{3^2+1^2}}=\dfrac{\sqrt{10}}{2}<\sqrt{5}$，所以直线与圆相交。

（3）由圆的方程可知，圆心 $O_3(0,0)$，半径 $r_3=2\sqrt{2}$，$d_3=\dfrac{|0-1-4|}{\sqrt{1^2+(-1)^2}}=2\sqrt{2}=r_3$，所以直线与圆相切。

例 7 根据下列已知条件求圆的方程。

（1）经过点 $P(1,1)$ 和坐标原点，并且圆心在直线 $2x+3y+1=0$ 上；

（2）圆心在直线 $y=-4x$ 上，且与直线 $l: x+y-1=0$ 相切于点 $P(3,-2)$。

解：（1）设圆的标准方程为 $(x-a)^2+(y-b)^2=r^2$，由题意可知

$$\begin{cases} a^2+b^2=r^2 \\ (a-1)^2+(b-1)^2=r^2 \\ 2a+3b+1=0 \end{cases} \Rightarrow \begin{cases} a=4 \\ b=-3 \\ r=5 \end{cases}$$

故圆的方程为 $(x-4)^2+(y+3)^2=25$。

（2）解法一：设圆的标准方程为 $(x-a)^2+(y-b)^2=r^2$，由题意可知

$$\begin{cases} b=-4a \\ (3-a)^2+(-2-b)^2=r^2 \\ \dfrac{|a+b-1|}{\sqrt{2}}=r \end{cases} \Rightarrow \begin{cases} a=1 \\ b=-4 \\ r=2\sqrt{2} \end{cases}$$

故圆的方程为 $(x-1)^2+(y+4)^2=8$。

解法二：过切点且与 $x+y-1=0$ 垂直的直线为 $y+2=x-3$，$\begin{cases} y=x-5 \\ y=-4x \end{cases}$ 得圆的圆心为 $(1,-4)$，则半径为 $r=2\sqrt{2}$，故圆的方程为 $(x-1)^2+(y+4)^2=8$。

例 8 求适合下列条件的椭圆的标准方程。

（1）椭圆两个焦点的坐标为 $(3,0)$，$(-3,0)$，且经过点 $(5,0)$；

（2）椭圆经过点 $A(\sqrt{3},-2)$，$B(-2\sqrt{3},1)$。

解：（1）由题意知该椭圆的焦点在 x 轴上，且 $c=3$，设标准方程为 $\dfrac{x^2}{a^2}+\dfrac{y^2}{b^2}=1$，$(a>b>0)$，$2a=\sqrt{(5+3)^2+0^2}+\sqrt{(5-3)^2+0^2}=10$，故 $a=5$，$b=\sqrt{a^2-c^2}=4$，所求椭圆的标准方程为 $\dfrac{x^2}{25}+\dfrac{y^2}{16}=1$。

（2）设所求方程为 $mx^2+ny^2=1$，$(m>0,n>0,m\neq n)$，依题意知

$$\begin{cases} 3m+4n=1, \\ 12m+n=1, \end{cases} \Rightarrow \begin{cases} m=\dfrac{1}{15}, \\ n=\dfrac{1}{5}. \end{cases}$$

所求椭圆的标准方程为 $\dfrac{x^2}{15}+\dfrac{y^2}{5}=1$。

例 9 过双曲线 $x^2-\dfrac{y^2}{3}=1$ 的左焦点作倾斜角为 $\dfrac{\pi}{6}$ 的直线交双曲线于 A，B 两点，

（1）计算弦 AB 的长；（2）判断 A，B 两点是否位于双曲线的同支。

解：双曲线 $x^2-\dfrac{y^2}{3}=1$ 的左焦点为 $F_1(-2,0)$，$\alpha=\dfrac{\pi}{6}$，直线 AB 的方程为 $y=\dfrac{\sqrt{3}}{3}(x+$

2），$\begin{cases} y=\dfrac{\sqrt{3}}{3}(x+2) \\ x^2-\dfrac{y^2}{3}=1 \end{cases} \Rightarrow 8x^2-4x-13=0 \Rightarrow \begin{cases} x_1+x_2=\dfrac{1}{2} \\ x_1x_2=-\dfrac{13}{8} \end{cases}°$

（1）$|AB|=\sqrt{1+k^2}|x_1-x_2|=\sqrt{1+k^2}\cdot\sqrt{(x_1+x_2)^2-4x_1x_2}=3$。

（2）$x_1x_2=-\dfrac{13}{8}<0$，故判定 A，B 两点位于双曲线的不同支上。

例 10　试分别求出满足下列条件的抛物线的标准方程。

（1）过点 $(-3,2)$；（2）焦点在直线 $x-2y-4=0$ 上。

解：（1）设所求抛物线方程为 $y^2=-2px(p>0)$ 或 $x^2=2py(p>0)$，抛物线必过点 $(-3,2)$，

则有 $4=-6p$ 或 $9=4p$，解得 $p=\dfrac{2}{3}$ 或 $p=\dfrac{9}{4}$，所求的抛物线方程为 $y^2=-\dfrac{4}{3}x$ 或 $x^2=\dfrac{9}{2}y$。

（2）由于抛物线的焦点在直线 $x-2y-4=0$ 上，故焦点只能为 $(4,0)$ 或 $(0,-2)$。

当焦点为 $(4,0)$ 时，抛物线的方程为 $y^2=16x$；

当焦点为 $(0,-2)$ 时，抛物线的方程为 $x^2=-8y$。

例 11　已知曲线 C_1，C_2 的极坐标方程为 $\rho\cos\theta=3$，$\rho=4\cos\theta\left(\rho\geqslant0,0\leqslant\theta<\dfrac{\pi}{2}\right)$，求曲线

C_1 与 C_2 交点的极坐标。

解：由 $\begin{cases} \rho\cos\theta=3 \\ \rho=4\cos\theta \end{cases} \Rightarrow \begin{cases} \theta=\dfrac{\pi}{6} \\ \rho=2\sqrt{3} \end{cases}$，故 C_1 与 C_2 交点的极坐标为 $\left(2\sqrt{3},\dfrac{\pi}{6}\right)$。

例 12　试判断方程 $4\rho\sin^2\dfrac{\theta}{2}=5$ 表示的曲线。

解：$4\rho\sin^2\dfrac{\theta}{2}=4\rho\dfrac{1-\cos\theta}{2}=2\rho-2\rho\cos\theta=5$，由 $\begin{cases} x=\rho\cos\theta \\ y=\rho\sin\theta \end{cases}$ 可将上式化为

$2\sqrt{x^2+y^2}-2x=5$，整理得 $y^2=5x+\dfrac{25}{4}$，可知该方程表示抛物线。

例 13　将下列参数方程化为普通方程，并说明方程所表示的曲线。

（1）$\begin{cases} x=1-3t \\ y=4t \end{cases}$；（2）$\begin{cases} x=1+4\cos t \\ y=-2+4\sin t \end{cases}(0\leqslant t\leqslant\pi)$；（3）$\begin{cases} x=2+\sin^2t \\ y=-1+\cos2t \end{cases}°$

分析：将参数方程化为普通方程关键就是如何消去参数 t，消去参数常用代入法，利用三角恒等式等。

解：（1）（代入法）由 $x=1-3t$ 得 $t=\dfrac{1-x}{3}$，将其代入 $y=4t$ 中得 $4x+3y-4=0$，该方程表示一条直线。

（2）（三角恒等式）$\begin{cases} x=1+4\cos t \\ y=-2+4\sin t \end{cases} \Rightarrow \begin{cases} \cos t = \dfrac{x-1}{4} \\ \sin t = \dfrac{y+2}{4} \end{cases}$，由 $\cos^2 t + \sin^2 t = 1$ 可知 $\dfrac{(x-1)^2}{16} + \dfrac{(y+2)^2}{16} = 1$，

整理得 $(x-1)^2 + (y+2)^2 = 16$，又 $0 \leqslant t \leqslant \pi$，$-3 \leqslant x \leqslant 5$，$-2 \leqslant y \leqslant 2$，所以方程表示以 $(1，-2)$ 为圆心，半径为 4 的上半圆。

（3）$y = -1 + \cos 2t \Rightarrow y = -1 + 1 - 2\sin^2 t = -2\sin^2 t \Rightarrow \sin^2 t = \dfrac{-y}{2}$，将其代入 $x = 2 + \sin^2 t$ 得 $2x + y - 4 = 0$，又 $2 \leqslant 2 + \sin^2 t \leqslant 3$，故 $2 \leqslant t \leqslant 3$，该方程表示一条线段。

五、强化练习

（一）选择题

1. 直线 $x\cos\alpha + \sqrt{3}y - 2 = 0$ 的倾斜角的范围（　　　）。

A. $\left[-\dfrac{\pi}{6}，\dfrac{\pi}{6}\right]$ B. $\left[0，\dfrac{\pi}{6}\right]$ C. $\left[0，\dfrac{\pi}{6}\right] \cup \left[\dfrac{5\pi}{6}，\pi\right]$ D. $\left[\dfrac{5\pi}{6}，\pi\right]$

2. 已知圆 C 与直线 $x - y = 0$ 及 $x - y - 4 = 0$ 都相切，圆心在直线 $x + y = 0$，则圆 C 的方程为（　　　）。

A. $(x+1)^2 + (y-1)^2 = 2$ B. $(x-1)^2 + (y-1)^2 = 2$

C. $(x-1)^2 + (y+1)^2 = 2$ D. $(x+1)^2 + (y+1)^2 = 2$

3. 椭圆 $\dfrac{x^2}{4} + \dfrac{y^2}{3} = 1$ 的右焦点到直线 $y = \sqrt{3}x$ 的距离为（　　　）。

A. $\dfrac{1}{2}$ B. $\dfrac{\sqrt{3}}{2}$ C. 1   D. $\sqrt{3}$

4. 以抛物线 $y^2 = 4x$ 的焦点为圆心，且过坐标原点的圆的方程为（　　　）。

A. $x^2 + y^2 + 2x = 0$ B. $x^2 + y^2 + x = 0$

C. $x^2 + y^2 - x = 0$ D. $x^2 + y^2 - 2x = 0$

5. 已知 ΔABC 的顶点 B，C 在椭圆 $\dfrac{x^2}{3} + y^2 = 1$ 上，顶点 A 是椭圆的一个焦点，且椭圆的另外一个焦点在 BC 上，则 ΔABC 的周长是（　　　）。

A. $2\sqrt{3}$ B. 6   C. $4\sqrt{3}$ D. 12

6. 若焦点在 x 轴上的椭圆 $\dfrac{x^2}{2} + \dfrac{y^2}{m} = 1$ 的离心率为 $\dfrac{1}{2}$，则 $m = $（　　　）。

A. $\sqrt{3}$ B. $\dfrac{3}{2}$ C. $\dfrac{8}{3}$ D. $\dfrac{2}{3}$

7. 已知双曲线的离心率为 2，焦点是 $(-4，0)$，$(4，0)$，则双曲线的方程为（　　　）。

A. $\dfrac{x^2}{4} - \dfrac{y^2}{12} = 1$ B. $\dfrac{x^2}{12} - \dfrac{y^2}{4} = 1$ C. $\dfrac{x^2}{10} - \dfrac{y^2}{6} = 1$ D. $\dfrac{x^2}{6} - \dfrac{y^2}{10} = 1$

8. 设双曲线 $\dfrac{x^2}{a^2}-\dfrac{y^2}{b^2}=1$ ($a>0$, $b>0$) 的虚轴长为 2，焦距为 $2\sqrt{3}$，则双曲线的渐近线方程为(   )。

  A. $y=\pm\sqrt{2}x$ B. $y=\pm2x$ C. $y=\pm\dfrac{\sqrt{2}}{2}x$ D. $y=\pm\dfrac{1}{2}x$

9. 抛物线 $y=ax^2$ 的准线方程为 $y-2=0$，则 a 的值为(   )。

  A. $\dfrac{1}{8}$ B. $-\dfrac{1}{8}$ C. 8   D. -8

10. 过抛物线 $y^2=4x$ 的焦点作直线 l 交抛物线于 A，B 两点，若线段 AB 中点的横坐标为 3，则 $|AB|=$(   )。

  A. 10   B. 8   C. 6   D. 4

11. 已知抛物线的顶点为原点，焦点在 y 轴上，抛物线上的点 $P(m,-2)$ 到焦点的距离为 4，则 m 的值为(   )。

  A. 4   B. -2 C. 4 或 -4 D. 12 或 -2

12. 圆心为点 $C\left(r,\dfrac{3\pi}{2}\right)$，半径为 r 的圆的极坐标方程为(   )。

  A. $\rho=r\sin\theta$ B. $\rho=2r\sin\theta$ C. $\rho=-2r\sin\theta$ D. $\rho=2r\cos\theta$

13. 直线 $3x-2y+5=0$ 的极坐标方程为(   )。

  A. $\rho=\dfrac{5}{2\sin\theta-3\cos\theta}$ B. $\rho(2\sin\theta-3\cos\theta)+5=0$

  C. $\rho=\dfrac{3}{2}\tan\theta$ D. $\rho=\dfrac{5}{2\cos\theta-3\sin\theta}$

14. 设椭圆的参数方程为 $\begin{cases}x=2\cos\theta\\y=\sin\theta\end{cases}$ (θ 为参数)，则椭圆的焦点是(   )。

  A. $(-\sqrt{3},0)$ B. $(0,\sqrt{3})$ C. $(0,-\sqrt{3})$ D. $(2,1)$

15. 已知 $y=tx$，将方程 $2x^2-3x-y=0$ 化为参数方程为(   )。

  A. $\begin{cases}x=\dfrac{t}{2}\\y=\dfrac{t^2}{2}\end{cases}$ B. $\begin{cases}x=\dfrac{t+3}{2}\\y=\dfrac{t^2+3t}{2}\end{cases}$ C. $\begin{cases}x=t\\y=t^2\end{cases}$ D. $\begin{cases}x=t+3\\y=t^2+3t\end{cases}$

(二) 填空题

1. 过点 $M(-2,m)$，$N(m,4)$ 的直线的斜率为 1，则 $m=$_____。

2. 过点 $(-3,1)$ 且倾斜角的余弦值为 $\dfrac{1}{2}$ 的直线方程为_____。

3. 若 $AC<0$，$BC<0$，则直线 $Ax+By+C=0$ 的图像不通过第_____象限。

4. 已知直线的倾斜角为 $60°$，在 y 轴上的截距为 5，则该直线方程为_____。

5. 已知直线的倾斜角的余弦值为 $-\dfrac{3}{5}$，则该直线的倾斜角为_____。

6. 圆心在 y 轴上半径为 1，且过点 $(1，2)$ 的圆的方程为_____。

7. 若圆的方程为 $x^2+y^2-2x+4y+3=0$，则圆心到直线 $x-y=1$ 的距离为_____。

8. 已知圆 C 的圆心与抛物线 $y^2=4x$ 的焦点关于直线 $y=x$ 对称，直线 $4x-3y-2=0$ 与圆 C 相交于 A，B 两点，且 $|AB|=6$，则圆 C 的方程为_____。

9. 设有两个定点 M，N 且 $|MN|=6$，点 P 到点 M，N 的距离的平方和为 26，则点 P 的轨迹为_____。

10. 已知椭圆 $\frac{x^2}{25}+\frac{y^2}{16}=1$ 上的一点 P 到椭圆一个焦点的距离为 3，则 P 到椭圆另一个焦点的距离为_____。

11. 若椭圆的长轴长是短轴长的 2 倍，则该椭圆的离心率为_____。

12. 若方程 $x^2+ky^2=2$ 表示焦点在 y 轴上的椭圆，则实数 k 的取值范围_____。

13. 若双曲线的渐近线方程为 $y=\pm3x$，它的一个焦点为 $(\sqrt{10}，0)$，则双曲线的方程为_____。

14. 已知双曲线的方程为 $2x^2-3y^2=6$，则该双曲线的离心率为_____。

15. 椭圆 $\frac{x^2}{4}+\frac{y^2}{m}=1$ 与双曲线 $\frac{x^2}{m}-\frac{y^2}{2}=1$ 有相同的焦点，则 $m=$_____。

16. 抛物线 $y=4x^2$ 上的一点 M 到焦点的距离为 1，则 M 的纵坐标为_____。

17. 顶点在坐标原点，对称轴为坐标轴，且经过点 $M(-2，-4)$ 的抛物线方程为_____。

18. 极坐标方程 $\rho\cos\left(\theta-\frac{\pi}{6}\right)=1$ 化为直角坐标方程为_____。

19. 点 P 的直角坐标为 $(1，-\sqrt{3})$，则点 P 的极坐标为_____。

20. 参数方程 $\begin{cases}x=2\sqrt{3}\cos\theta\\y=3\sqrt{2}\sin\theta\end{cases}(\theta$ 为参数$)$ 化为普通方程_____。

（三）计算题

1. 已知直线 l 的斜率为 $\frac{3}{5}$，在两坐标轴上的截距之和为 4，求直线方程。

2. 点 $(1，\cos\theta)$ 到直线 $x\sin\theta+y\cos\theta-1=0$ 的距离为 $\frac{1}{4}$，其中 $0\leqslant\theta\leqslant\pi$，求 θ。

3. 已知圆 C 的圆心在直线 $l_1：y=\frac{1}{2}x$ 上，圆 C 与直线 $l_2：x-2y-4\sqrt{5}=0$ 相切，且经过点 $(2，5)$，求圆的方程。

4. 求经过点 $A(-2，-4)$ 且与直线 $l：x+3y-26=0$ 相切与点 $B(8，6)$ 的圆的方程。

5. 讨论曲线 $\frac{x^2}{9-k}+\frac{y^2}{k-3}=1$ 的形状。

6. 已知 $\alpha\in[0，\pi)$，试讨论曲线 $x^2\sin\alpha+y^2\cos\alpha=1$ 的形状。

7. 已知中心在原点的双曲线的右焦点为 $(2，0)$，实轴长为 $2\sqrt{3}$，求双曲线的方程。

8. 过原点的直线 l 与双曲线 $\frac{x^2}{4}-\frac{y^2}{3}=1$ 有两个焦点，求直线 l 的斜率的取值范围。

9. 过点 $A(1,0)$ 作倾斜角为 $\dfrac{\pi}{4}$ 的直线与抛物线 $y^2=2x$ 交于 M，N 两点，求 $|MN|$。

10. 在极坐标系中，已知点 $A\left(1,\dfrac{3\pi}{4}\right)$ 和 $B\left(2,\dfrac{\pi}{4}\right)$，求 A，B 两点间的距离。

11. 求在极坐标系中，圆心在 $(\sqrt{2},\pi)$ 且过极点的圆的方程。

12. 将极坐标方程 $\rho=4\cos\left(\theta+\dfrac{\pi}{6}\right)$ 化为普通方程，并说明所表示的曲线。

13. 已知直线 l 的参数方程 $\begin{cases} x=t \\ y=1+2t \end{cases}$（$t$ 为参数）和圆 C 的极坐标方程为 $\rho=2\sqrt{2}\sin\left(\theta+\dfrac{\pi}{4}\right)$（$\theta$ 为参数）。

（1）将直线 l 的参数方程和圆 C 的极坐标方程化为普通方程；

（2）判断直线 l 和圆 C 的位置关系。

第二篇

高等数学

第三章　极限与连续

一、目的要求

（1）理解数列极限和函数极限的定义与性质；

（2）掌握计算极限的方法；

（3）理解函数连续性的定义，掌握利用定义判定函数连续的方法；

（4）掌握函数间断点的定义及判定函数间断点类型的方法；

（5）掌握闭区间连续函数的性质。

二、内容结构

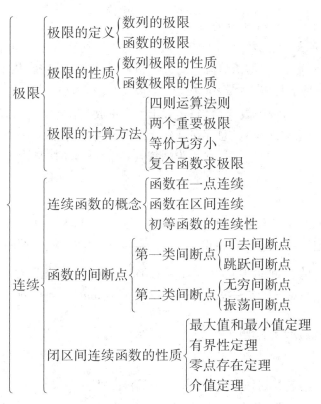

三、知识梳理

（一）极限的概念

1. 数列极限

定义 1　（描述定义）对于数列 x_1，x_2，$\cdots$，x_n，$\cdots$，当 n 无限增大时，x_n 无限接近某个

确定的常数 a，那么称数 a 是数列 $\{x_n\}$ 的极限，或称数列 $\{x_n\}$ 收敛于数 a，记作 $\lim\limits_{n\to\infty}x_n=a$ 或 $x_n\to a(n\to\infty)$。若这样的常数不存在，则称数列 $\{x_n\}$ 的极限不存在，或称数列 $\{x_n\}$ 发散。

定义 1′ （精确定义）设 $\{x_n\}$ 为一数列，若存在常数 a，对于任意给定的正数 ε（不论它多么小），总存在正整数 N，使得当 $n>N$ 时，不等式 $|x_n-a|<\varepsilon$ 成立，则称常数 a 是数列 $\{x_n\}$ 的极限，或者称数列 $\{x_n\}$ 收敛于 a，记为 $\lim\limits_{n\to\infty}x_n=a$ 或 $x_n\to a(n\to\infty)$。

2. 自变量趋向于有限值时函数极限

定义 2 （描述定义）函数 $f(x)$ 在点 x_0 的某个去心邻域内有定义，当 x 趋于 $x_0(x\neq x_0)$ 时，对应的函数值 $f(x)$ 无限接近于某个确定的常数 A，则称数 A 是函数 $f(x)$ 当 $x\to x_0$ 时的极限，记作 $\lim\limits_{x\to x_0}f(x)=A$ 或 $f(x)\to A(x\to x_0)$。若这样的数 A 不存在，则称当 $x\to x_0$ 时 $f(x)$ 没有极限。

定义 2′ （精确定义）函数 $f(x)$ 在点 x_0 的某个去心邻域内有定义，若存在常数 A，对于任意给定的正数 ε（不论它多么小），总存在正数 δ，使得当 $0<|x-x_0|<\delta$ 时，对应的函数值 $f(x)$ 都满足不等式 $|f(x)-A|<\varepsilon$，则称数 A 为函数 $f(x)$ 当 $x\to x_0$ 时的极限，记作 $\lim\limits_{x\to x_0}f(x)=A$ 或 $f(x)\to A(x\to x_0)$。

3. 自变量趋于无穷大时函数的极限

定义 3：（描述定义）设函数 $f(x)$ 对绝对值充分大的 x 均有定义，当自变量 x 的绝对值无限增大时（记作 $x\to\infty$），对应的函数值 $f(x)$ 无限接近于某个确定的常数 A，则称数 A 为函数 $f(x)$ 当 x 趋于无穷大时的极限，记作 $\lim\limits_{x\to\infty}f(x)=A$ 或 $f(x)\to A(x\to\infty)$。

定义 3′ （精确定义）设函数 $f(x)$ 当 $|x|$ 大于某一正数时有定义，若存在常数 A，对于任意给定的正数 ε（不论它多么小），总存在正数 X，使得当 x 满足 $|x|>X$ 时，对应的函数值 $f(x)$ 都满足不等式 $|f(x)-A|<\varepsilon$，则称数 A 为函数 $f(x)$ 当 $x\to\infty$ 时的极限，记作 $\lim\limits_{x\to\infty}f(x)=A$ 或 $f(x)\to A(x\to\infty)$。

4. 单侧极限

定义 4：若当 x 从 x_0 的左侧趋向 x_0（或 $x\to-\infty$）时，函数 $f(x)$ 无限接近于某个确定的常数 A，则称数 A 是 $f(x)$ 在点 x_0（或 $x\to-\infty$）的左极限，记作 $\lim\limits_{x\to x_0^-}f(x)=A[$ 或 $\lim\limits_{x\to-\infty}f(x)=A]$；当 x 从 x_0 的右侧趋向点 x_0（或 $x\to+\infty$）时，函数 $f(x)$ 无限接近于某个确定的常数 A，则称数 A 是 $f(x)$ 在点 x_0（或 $x\to+\infty$）的右极限，记作 $\lim\limits_{x\to x_0^+}f(x)=A[$ 或 $\lim\limits_{x\to+\infty}f(x)=A]$。

（二）极限的性质与定理

1. 收敛数列的性质

性质 1：（唯一性）若数列 $\{x_n\}$ 收敛，则数列的极限唯一。

性质 2：（有界性）若数列 $\{x_n\}$ 收敛，则数列 $\{x_n\}$ 有界。

2. 函数极限的性质

性质 1：（唯一性）若 $\lim\limits_{x\to x_0}f(x)$ 存在，则它的极限唯一。

性质 2：（局部有界性）若 $\lim\limits_{x\to x_0}f(x)=A$，则存在正数 $M>0$，在点 x_0 的某个去心邻域内有 $|f(x)|\leq M$。

性质3：（局部保号性）若$\lim\limits_{x \to x_0} f(x) = A$，且$A > 0$（或$A < 0$），则在点$x_0$的某个去心邻域内有$f(x) > 0$[或$f(x) < 0$]。

3. 极限存在的判定

定理1：极限$\lim\limits_{x \to x_0} f(x)$存在$\Leftrightarrow \lim\limits_{x \to x_0^+} f(x) = \lim\limits_{x \to x_0^-} f(x)$；

极限$\lim\limits_{x \to \infty} f(x)$存在$\Leftrightarrow \lim\limits_{x \to +\infty} f(x) = \lim\limits_{x \to -\infty} f(x)$。

定理2：数列收敛准则1　若数列$\{x_n\}$、$\{y_n\}$及$\{z_n\}$满足下列条件：

（1）存在N，使得当$n > N$时，总有$x_n \leq y_n \leq z_n (n = 1, 2, \cdots)$，

（2）$\lim\limits_{n \to \infty} x_n = \lim\limits_{n \to \infty} z_n = a$，则$\lim\limits_{n \to \infty} y_n = a$。

数列收敛准则2：单调有界数列必有极限。

（三）函数极限的运算法则

1. 运算法则

若$\lim\limits_{x \to x_0} f(x) = A$，$\lim\limits_{x \to x_0} g(x) = B$，则

（1）$\lim\limits_{x \to x_0} [f(x) \pm g(x)] = \lim\limits_{x \to x_0} f(x) \pm \lim\limits_{x \to x_0} g(x) = A \pm B$；

（2）$\lim\limits_{x \to x_0} [f(x) \cdot g(x)] = \lim\limits_{x \to x_0} f(x) \cdot \lim\limits_{x \to x_0} g(x) = A \cdot B$；

（3）若$B \neq 0$，$\lim\limits_{x \to x_0} \dfrac{f(x)}{g(x)} = \dfrac{\lim\limits_{x \to x_0} f(x)}{\lim\limits_{x \to x_0} g(x)} = \dfrac{A}{B}$；

（4）$\lim\limits_{x \to x_0} cf(x) = c \lim\limits_{x \to x_0} f(x) = cA$（$c$为常数）；

（5）$\lim\limits_{x \to x_0} [f(x)]^n = [\lim\limits_{x \to x_0} f(x)]^n = A^n$。

2. 复合函数的极限运算法则

设$\lim\limits_{x \to x_0} \varphi(x) = a$，且$x \in \overset{0}{U}(x_0, \delta)$，$\varphi(x) \neq a$，又$\lim\limits_{u \to a} f(u) = A$，且有$\lim\limits_{x \to x_0} f[\varphi(x)] = \lim\limits_{u \to a} f(u) = A$。

（四）两个重要的极限

1. $\lim\limits_{x \to 0} \dfrac{\sin x}{x} = 1$

2. $\lim\limits_{x \to \infty} \left(1 + \dfrac{1}{x}\right)^x = e$

由两个重要极限可以推出以下几个常见的极限形式：

① $\lim\limits_{x \to 0} \dfrac{\sin ax}{bx} = \dfrac{a}{b}$；　② $\lim\limits_{x \to 0} \dfrac{\sin x^m}{x^m} = 1$；　③ $\lim\limits_{x \to \infty} \dfrac{\sin x}{x} = 0$；　④ $\lim\limits_{x \to \infty} x \sin \dfrac{1}{x} = 1$；

⑤ $\lim\limits_{x \to \infty} \left(1 + \dfrac{1}{ax}\right)^x = e^{\frac{1}{a}}$；　⑥ $\lim\limits_{x \to \infty} \left(1 + \dfrac{b}{ax}\right)^x = e^{\frac{b}{a}}$；　⑦ $\lim\limits_{x \to \infty} \left(1 + \dfrac{1}{ax}\right)^{bx} = e^{\frac{b}{a}}$；

⑧ $\lim\limits_{x \to \infty} \left(1 - \dfrac{1}{x}\right)^x = e^{-1}$；　⑨ $\lim\limits_{x \to 0} (1 + x)^{\frac{1}{x}} = e$。

（五）无穷小量与无穷大量

1. 无穷小定义

定义 5 若 $\lim\limits_{x \to x_0} f(x) = 0$ [或 $\lim\limits_{x \to \infty} f(x) = 0$]，则称函数 $f(x)$ 是 $x \to x_0$（或 $x \to \infty$）时的无穷小量（简称无穷小）。

2. 无穷小的运算性质

（1）有限个无穷小的代数和仍是无穷小；

（2）有限个无穷小的积仍是无穷小；

（3）有界函数与无穷小的积仍是无穷小；

（4）常数与无穷小的乘积仍是无穷小。

3. 无穷小量阶的比较

设 $\alpha(x)$，$\beta(x)$ 是在自变量 x 的同一变化过程中的两个无穷小。

（1）$\lim \dfrac{\beta(x)}{\alpha(x)} = 0$，则称 $\beta(x)$ 是比 $\alpha(x)$ 高阶的无穷小；

（2）$\lim \dfrac{\beta(x)}{\alpha(x)} = \infty$，则称 $\beta(x)$ 是比 $\alpha(x)$ 低阶的无穷小；

（3）$\lim \dfrac{\beta(x)}{\alpha(x)} = c \neq 0$，则称 $\beta(x)$ 与 $\alpha(x)$ 是同阶无穷小；

（4）$\lim \dfrac{\beta(x)}{\alpha(x)} = 1$，则称 $\beta(x)$ 与 $\alpha(x)$ 是等价无穷小，记作 $\alpha(x) \sim \beta(x)$；

（5）$\lim \dfrac{\beta(x)}{\alpha^k(x)} = c \neq 0$，则称 $\beta(x)$ 是关于 $\alpha(x)$ 的 k 阶无穷小。

当 $x \to 0$ 时，几个常用的等价无穷小：

$x \sim \sin x \sim \tan x \sim \arcsin x \sim \arctan x \sim \ln(1+x) \sim e^x - 1$；

$1 - \cos x \sim \dfrac{1}{2} x^2$；$a^x - 1 \sim x \ln a$，$(1+x)^\alpha - 1 \sim \alpha x$，$\tan x - \sin x \sim \dfrac{1}{2} x^3$。

定理 3：设 $\alpha(x) \sim \alpha'(x)$，$\beta(x) \sim \beta'(x)$，$\lim \dfrac{\beta'(x)}{\alpha'(x)}$ 存在，则 $\lim \dfrac{\beta(x)}{\alpha(x)} = \lim \dfrac{\beta'(x)}{\alpha'(x)}$。

4. 无穷大定义

定义 6：若 $\lim\limits_{x \to x_0} f(x) = \infty$ [或 $\lim\limits_{x \to \infty} f(x) = \infty$]，则称函数 $f(x)$ 是 $x \to x_0$（或 $x \to \infty$）时的无穷大量（简称无穷大）。

5. 无穷大与无穷小的关系

自变量在同一变化过程中，若 $f(x)$ 是无穷大，则 $\dfrac{1}{f(x)}$ 是无穷小；若 $f(x)$ 是无穷小且 $f(x) \neq 0$，则 $\dfrac{1}{f(x)}$ 是无穷大。

（六）函数的连续性与间断点

1. 连续性定义

定义 7：设函数 $y=f(x)$ 在点 x_0 的某一邻域内有定义，极限 $\lim\limits_{x\to x_0}f(x)$ 存在，并且有 $\lim\limits_{x\to x_0}f(x) = f(x_0)$，则称函数 $y=f(x)$ 在点 x_0 处连续。

函数连续的其他等价形式：$\lim\limits_{\Delta x\to 0}\Delta y = \lim\limits_{\Delta x\to 0}[f(x_0+\Delta x)-f(x_0)] = 0$，其中 Δx，Δy 分别为自变量的增量和函数值的增量。

2. 左连续与右连续

（1）若 $\lim\limits_{x\to x_0^+}f(x)=f(x_0)$，则称函数 $y=f(x)$ 在点 x_0 处右连续；$\lim\limits_{x\to x_0^-}f(x)=f(x_0)$，则称函数 $y=f(x)$ 在点 x_0 处左连续。

（2）函数 $f(x)$ 在点 x_0 处连续的充分必要条件是它在点 x_0 处既是左连续又是右连续。

3. 区间上的连续函数

（1）若函数在开区间 (a,b) 内每一点都连续，则称函数在开区间 (a,b) 内连续；

（2）若函数在开区间 (a,b) 内连续，且在左端点 a 处右连续，在右端点 b 处左连续，则称函数在闭区间 $[a,b]$ 上连续；

（3）基本初等函数在其定义域内都是连续的。

4. 函数的间断点及其分类

（1）可去间断点：①函数 $f(x)$ 在点 x_0 处无定义，但 $\lim\limits_{x\to x_0}f(x)$ 存在；②函数 $f(x)$ 在点 x_0 处有定义，但 $\lim\limits_{x\to x_0}f(x)\neq f(x_0)$。

（2）跳跃间断点：函数 $f(x)$ 在点 x_0 处左右极限都存在，但 $\lim\limits_{x\to x_0^+}f(x)\neq\lim\limits_{x\to x_0^-}f(x)$。

我们把左右极限都存在的间断点称为第一类间断点，可去间断点和跳跃间断点都属于第一类间断点；左右极限至少有一个不存在的间断点称为第二类间断点，无穷间断点和振荡间断点都属于第二类间断点。

（七）连续函数的运算与初等函数的连续性

1. 连续函数的四则运算

设函数 $f(x)$ 与 $g(x)$ 在点 x_0 处连续，则

（1）$f(x)\pm g(x)$；（2）$f(x)\cdot g(x)$；（3）$\dfrac{f(x)}{g(x)}(g(x)\neq 0)$ 也都在点 $x=x_0$ 处连续。

2. 复合函数的连续性

设函数 $y=f(u)$ 在点 $u=u_0$ 处连续，函数 $u=\varphi(x)$ 在 $x=x_0$ 处连续，且 $\varphi(x_0)=u_0$，则复合函数 $y=f(\varphi(x))$ 在 $x=x_0$ 处连续。

3. 反函数的连续性

若函数 $y=f(x)$ 在区间 I_x 上单调递增（或单调递减）且连续，则它的反函数 $x=\varphi(y)$ 也在对应的区间 $I_y=\{y=f(x)\mid x\in I_x\}$ 上单调递增（或单调递减）且连续。

4. 初等函数的连续性

一切初等函数在其定义域内都是连续的。

（八）闭区间连续函数的性质

定理 4：（最大值最小值定理）在闭区间连续的函数在该区间上一定有最大值和最小值。

定理 5：（有界性定理）在闭区间连续的函数在该区间上一定有界。

定理 6：（零点存在定理）函数 $f(x)$ 在闭区间 $[a, b]$ 上连续，且 $f(a)$ 与 $f(b)$ 异号，则在开区间 (a, b) 内至少有一点 $\xi \in (a, b)$，使得 $f(\xi) = 0$。

定理 7：（介值定理）函数 $f(x)$ 在闭区间 $[a, b]$ 上连续，则对于 $f(a)$ 与 $f(b)$ 之间的任何一个数 C，在开区间 (a, b) 内至少有一点 $c \in (a, b)$，使得 $f(c) = C$。

四、精选例题

（一）极限的运算

1. 利用极限运算法则和性质求极限

例 1 $\lim\limits_{n \to \infty} \dfrac{4^n + 3^n}{4^{n+1} + 3^{n+1}}$。

分析：当 $n \to \infty$ 时，分子、分母极限都不存在，我们需要将该式变形后再求极限，本题利用数列极限的结论 $\lim\limits_{n \to \infty} q^n = 0$，$|q| < 1$。

解：$\lim\limits_{n \to \infty} \dfrac{\dfrac{4^n + 3^n}{4^n}}{\dfrac{4^{n+1} + 3^{n+1}}{4^n}} = \lim\limits_{n \to \infty} \dfrac{1 + \left(\dfrac{3}{4}\right)^n}{4 + 3 \cdot \left(\dfrac{3}{4}\right)^n} = \dfrac{1}{4}$。

例 2 $\lim\limits_{n \to \infty} \left(\sqrt{1+2+\cdots+n} - \sqrt{1+2+\cdots+(n-1)} \right)$。

解：原式 $= \lim\limits_{n \to \infty} \left(\sqrt{\dfrac{n(n+1)}{2}} - \sqrt{\dfrac{n(n-1)}{2}} \right) = \lim\limits_{n \to \infty} \sqrt{\dfrac{n}{2}} \left(\sqrt{n+1} - \sqrt{n-1} \right)$

$= \lim\limits_{n \to \infty} \sqrt{\dfrac{n}{2}} \cdot \dfrac{2}{\sqrt{n+1} + \sqrt{n-1}} = \lim\limits_{n \to \infty} \sqrt{\dfrac{1}{2}} \dfrac{2}{\sqrt{1+\dfrac{1}{n}} + \sqrt{1-\dfrac{1}{n}}} = \dfrac{\sqrt{2}}{2}$。

例 3 $\lim\limits_{x \to \infty} \dfrac{(2x+1)^4 (5x-6)^6}{(3x+4)^{10}}$。

分析：对于 $\lim\limits_{x \to \infty} \dfrac{P(x)}{Q(x)}$ 的形式，只需比较分子分母的最高次幂的次数，且有 $\lim\limits_{x \to \infty}$

$\dfrac{a_0 x^m + a_1 x^{m-1} + \cdots + a_m}{b_0 x^n + b_1 x^{n-1} + \cdots + b_n} = \begin{cases} \dfrac{a_0}{b_0}, & m = n; \\ 0, & m < n; \\ \infty, & m > n \end{cases}$

第一种解法：原式 $= \lim\limits_{x \to \infty} \dfrac{\left(\dfrac{2x+1}{x}\right)^4 \left(\dfrac{5x-6}{x}\right)^6}{\left(\dfrac{3x+4}{x}\right)^{10}} = \lim\limits_{x \to \infty} \dfrac{\left(2+\dfrac{1}{x}\right)^4 \left(5-\dfrac{6}{x}\right)^6}{\left(3+\dfrac{4}{x}\right)^{10}} = \dfrac{2^4 \cdot 5^6}{3^{10}}$。

第二种解法：（直接利用结论）原式 $=\dfrac{2^4 \cdot 5^6}{3^{10}}$

例 4 $\lim\limits_{n \to \infty}\left(1+\dfrac{1}{2}+\dfrac{1}{4}+\cdots+\dfrac{1}{2^{n-1}}\right)$

分析： 当 $n \to \infty$ 时，所求题目中每一项的极限都存在，但由于本题为无穷多项的和，不能使用极限的四则运算法则，因为四则运算法则只适用有限项，故本题先求和再计算，本题利用结论 $\lim\limits_{n \to \infty}S_n=\lim\limits_{n \to \infty}\dfrac{a_1(1-q^n)}{1-q}=\dfrac{a_1}{1-q}$，$|q|<1$，$S_n$ 为等比数列的前 n 项和。

解： 原式 $=\lim\limits_{n \to \infty}\dfrac{1 \cdot\left(1-(\frac{1}{2})^n\right)}{1-\dfrac{1}{2}}=2$。

2. 通过消去零因子计算 $\dfrac{0}{0}$ 型极限

例 5 求极限 $\lim\limits_{x \to 3}\dfrac{x^2-5x+6}{x^2-8x+15}$。

分析： 当 $x \to 3$ 时，分子分母极限为 0，此时将分子分母因式分解，消去零因子 $x-3$。

解： 原式 $=\lim\limits_{x \to 3}\dfrac{(x-3)(x-2)}{(x-3)(x-5)}=\lim\limits_{x \to 3}\dfrac{x-2}{x-5}=-\dfrac{1}{2}$。

例 6 计算极限 $\lim\limits_{x \to 1}\dfrac{x^2-1}{\sqrt{3-x}-\sqrt{1+x}}$。

分析： 当 $x \to 1$ 时，分子分母极限为 0，由于本题分母为无理式，故将其有理化，并将分子因式分解，消去零因子 $x-1$。

解： 原式 $=\lim\limits_{x \to 1}\dfrac{(x-1)(x+1)(\sqrt{3-x}+\sqrt{1+x})}{(\sqrt{3-x}-\sqrt{1+x})(\sqrt{3-x}+\sqrt{1+x})}$

$=\lim\limits_{x \to 1}\dfrac{(x-1)(x+1)(\sqrt{3-x}+\sqrt{1+x})}{2(1-x)}$

$=\lim\limits_{x \to 1}\dfrac{-(x+1)(\sqrt{3-x}+\sqrt{1+x})}{2}=-2\sqrt{2}$。

例 7 计算极限 $\lim\limits_{x \to 0}\dfrac{\sqrt{1+x}-1}{\sqrt{3+x}-\sqrt{3}}$。

解： 原式 $=\lim\limits_{x \to 0}\dfrac{(\sqrt{1+x}-1)(\sqrt{1+x}+1)(\sqrt{3+x}+\sqrt{3})}{(\sqrt{3+x}-\sqrt{3})(\sqrt{3+x}+\sqrt{3})(\sqrt{1+x}+1)}$

$=\lim\limits_{x \to 0}\dfrac{x(\sqrt{3+x}+\sqrt{3})}{x(\sqrt{1+x}+1)}=\sqrt{3}$。

3. 利用两个重要极限计算特殊类型函数极限

例 8 计算极限 $\lim\limits_{x \to 0}\dfrac{\tan x}{x}$。

分析： 当计算三角函数类型的极限可以考虑 $\lim\limits_{x\to 0}\dfrac{\sin x}{x}=1$。

解： 原式 $=\lim\limits_{x\to 0}\dfrac{\sin x}{x}\cdot\dfrac{1}{\cos x}=\lim\limits_{x\to 0}\dfrac{\sin x}{x}\cdot\lim\limits_{x\to 0}\dfrac{1}{\cos x}=1$。

例 9 求极限 $\lim\limits_{x\to 0}\dfrac{\cos x-\cos 3x}{x^2}$。

分析： 首先利用和差化积公式 $\cos\alpha-\cos\beta=-2\sin\dfrac{\alpha+\beta}{2}\sin\dfrac{\alpha-\beta}{2}$，利用 $\lim\limits_{x\to 0}\dfrac{\sin x}{x}=1$。

解： 原式 $=\lim\limits_{x\to 0}\dfrac{2\sin 2x\sin x}{x^2}=2\lim\limits_{x\to 0}\dfrac{\sin 2x}{x}\cdot\lim\limits_{x\to 0}\dfrac{\sin x}{x}=4$。

例 10 求极限 $\lim\limits_{x\to\infty}\left(\dfrac{3x+1}{3x-2}\right)^x$。

分析： 本题计算的函数属于 $u(x)^{v(x)}$ 类型，称为幂指函数，计算此类函数极限时可考虑 $\lim\limits_{x\to\infty}\left(1+\dfrac{1}{x}\right)^x=e$，但要注意这种固定形式的极限结构 $\lim\limits_{\square\to\infty}\left(1+\dfrac{1}{\square}\right)^\square$，其中"□"的地方变量形式要保持一致。

解：方法一 原式 $=\lim\limits_{x\to\infty}\left(1+\dfrac{3}{3x-2}\right)^x=\lim\limits_{x\to\infty}\left(1+\dfrac{1}{\frac{3x-2}{3}}\right)^{\frac{3x-2}{3}+\frac{2}{3}}$

$=\lim\limits_{x\to\infty}\left(1+\dfrac{1}{\frac{3x-2}{3}}\right)^{\frac{3x-2}{3}}\cdot\left(1+\dfrac{1}{\frac{3x-2}{3}}\right)^{\frac{2}{3}}=e\cdot 1=e$。

方法二 原式 $=\lim\limits_{x\to\infty}\left(\dfrac{1+\frac{1}{3x}}{1-\frac{2}{3x}}\right)^x=\lim\limits_{x\to\infty}\dfrac{\left(1+\frac{1}{3x}\right)^x}{\left(1-\frac{2}{3x}\right)^x}=\dfrac{e^{\frac{1}{3}}}{e^{-\frac{2}{3}}}=e$。

例 11 求极限 $\lim\limits_{x\to\infty}\left(\dfrac{3x+4}{3x+2}\right)^{x+5}$。

解： $\lim\limits_{x\to\infty}\left(\dfrac{3x+4}{3x+2}\right)^{x+5}=\lim\limits_{x\to\infty}\left(\dfrac{1+\frac{4}{3x}}{1+\frac{2}{4x}}\right)^x\cdot\left(\dfrac{3x+4}{3x+2}\right)^5$，又 $\lim\limits_{x\to\infty}\left(\dfrac{3x+4}{3x+2}\right)^5=1$，所以

原式 $=\dfrac{e^{\frac{4}{3}}}{e^{\frac{2}{3}}}=e^{\frac{2}{3}}$。

注： 在解本题时，求 $\lim\limits_{x\to\infty}\left(\dfrac{3x+4}{3x+2}\right)^5$ 是十分重要的，要注意本题中的指数式固定常数，因此无论指数多大的常数时，极限都为 1。

4. 利用等价无穷小计算函数极限

例 12　求极限 $\lim\limits_{x\to0}\dfrac{\sqrt{1+x\sin x}-1}{e^{x^2}-1}$。

分析：本题利用等价无穷小 $(1+x)^{\alpha}-1\sim\alpha x$ 和 $e^x-1\sim x$。

解：原式 $=\lim\limits_{x\to0}\dfrac{\dfrac{1}{2}x\sin x}{x^2}=\dfrac{1}{2}$。

例 13　计算极限 $\lim\limits_{x\to\infty}x^2\left(1-\cos\dfrac{1}{x}\right)$。

分析：由于 $x\to\infty$，故 $\dfrac{1}{x}\to0$，本题仍然可以利用等价无穷小 $1-\cos x\sim\dfrac{1}{2}x^2$。

解：原式 $=\lim\limits_{x\to\infty}x^2\cdot\dfrac{1}{2x^2}=\dfrac{1}{2}$。

例 14　求极限 $\lim\limits_{x\to1}\dfrac{\arcsin(1-x)}{\ln x}$。

分析：当 $x\to1$ 时，有 $1-x\to0$，又因为 $\ln x=\ln[1+(x-1)]$，故本题可以利用等价无穷小 $x\sim\arcsin x$，$\ln(1+x)\sim x$。

解：原式 $=\lim\limits_{x\to1}\dfrac{\arcsin(1-x)}{\ln[1+(x-1)]}=\lim\limits_{x\to\infty}\dfrac{1-x}{x-1}=-1$。

例 15　计算 $\lim\limits_{x\to0}\dfrac{e^x-e^{\tan x}}{x-\tan x}$。

分析：本题利用 $e^x-1\sim x$，但需要将原式进行适当的变形。

解：原式 $=\lim\limits_{x\to0}\dfrac{e^{\tan x}(e^{x-\tan x}-1)}{x-\tan x}=\lim\limits_{x\to0}e^{\tan x}=1$。

5. 利用函数的运算法则和运算性质计算函数的极限

例 16　计算 $\lim\limits_{x\to0}x\sin\dfrac{1}{x}$。

分析：当 $x\to0$ 时，x 为无穷小量，又因为 $0\leqslant\left|\sin\dfrac{1}{x}\right|\leqslant1$ 为有界函数．无穷小与有界函数的乘积仍为无穷小。

解：$\lim\limits_{x\to0}x\sin\dfrac{1}{x}=0$。

例 17　求 $\lim\limits_{x\to+\infty}[\ln(1+x)-\ln x]\cdot x$。

分析：本题利用复合函数求极限法则。

原式 $=\lim\limits_{x\to+\infty}x\ln\left(1+\dfrac{1}{x}\right)=\lim\limits_{x\to+\infty}\ln\left(1+\dfrac{1}{x}\right)^x=\ln\lim\limits_{x\to+\infty}\left(1+\dfrac{1}{x}\right)^x=\ln e=1$。

6. 利用极限存在准则计算数列极限

例 18　计算 $\lim\limits_{n\to\infty}(1+2^n+3^n)^{\frac{1}{n}}$。

分析：本题利用夹逼定理

解：因为 $3^n < 1 + 2^n + 3^n < 3 \cdot 3^n$，所以 $3 < (1 + 2^n + 3^n)^{\frac{1}{n}} < 3^{\frac{n+1}{n}}$，又 $\lim\limits_{n \to \infty} 3^{\frac{n+1}{n}} = \lim\limits_{n \to \infty} 3^{1 + \frac{1}{n}} = 3$，所以 $\lim\limits_{n \to \infty} (1 + 2^n + 3^n)^{\frac{1}{n}} = 3$。

例19 设数列 $x_1 = \sqrt{2}$，$x_2 = \sqrt{2 + 2\sqrt{2}}$，…，$x_n = \sqrt{2 + \sqrt{2 + \sqrt{2 + \cdots + \sqrt{2}}}}$，求 $\lim\limits_{n \to \infty} x_n$。

解：数列 $\{x_n\}$ 显然是单调递增，用归纳法证明数列有界，因为 $x_1 = \sqrt{2} < 2$，假设 $x_{n-1} < 2$，则 $x_n = \sqrt{2 + x_{n-1}} < \sqrt{2 + 2} = 2$，故假设成立，$x_n < 2$，数列 $\{x_n\}$ 为有界数列，根据数列收敛准则有单调有界数列必有极限，设 $\lim\limits_{n \to \infty} x_n = a$，由 $x_n = \sqrt{2 + x_{n-1}}$ 得 $x_n^2 = 2 + x_{n-1}$，两边同时取极限有 $a^2 = 2 + a$，解得 $a = 2$，$a = -1$（舍去），得 $\lim\limits_{n \to \infty} x_n = 2$。

7. 利用换元法计算函数极限

例20 求极限 $\lim\limits_{x \to \frac{\pi}{6}} \tan 3x \cdot \tan\left(\frac{\pi}{6} - x\right)$。

分析：因为 $\lim\limits_{x \to \frac{\pi}{6}} \tan 3x$ 不存在，因此不能直接使用限运算法则，为便于利用等价无穷小，引入变量替换：$t = \frac{\pi}{6} - x$，即 $x = \frac{\pi}{6} - t$，当 $x \to \frac{\pi}{6}$ 时，$t \to 0$。

解：$\lim\limits_{x \to \frac{\pi}{6}} \tan 3x \cdot \tan\left(\frac{\pi}{6} - x\right) = \lim\limits_{t \to 0} \tan 3\left(\frac{\pi}{6} - t\right) \cdot \tan t = \lim\limits_{t \to 0} \tan\left(\frac{\pi}{2} - 3t\right) \cdot \tan t$

$= \lim\limits_{t \to 0} \cot 3t \cdot \tan t = \lim\limits_{t \to 0} \frac{\tan t}{\tan 3t} = \lim\limits_{t \to 0} \frac{t}{3t} = \frac{1}{3}$。

8. 已知函数极限，求参数

例21 已知 $\lim\limits_{x \to 2} \dfrac{x^2 + ax + b}{x^2 - 4} = -1$，求 a，b 的值。

分析：当 $x \to 2$ 时分母 $x^2 - 4 \to 0$，而函数的极限存在，必有 $\lim\limits_{x \to 2} x^2 + ax + b = 0$。

解：$\lim\limits_{x \to 2} x^2 + ax + b = \lim\limits_{x \to 2} 4 + 2a + b = 0$，即 $b = -2(a + 2)$，将其代入原式有

$\lim\limits_{x \to 2} \dfrac{x^2 + ax - 2(a + 2)}{x^2 - 4} = \lim\limits_{x \to 2} \dfrac{(x - 2)[x + (a + 2)]}{(x - 2)(x + 2)} = \lim\limits_{x \to 2} \dfrac{x + a + 2}{x + 2} = \dfrac{4 + a}{4} = -1$，解得

$a = -8$，$b = 12$。

（二）函数的连续性

例22 已知函数 $f(x) = \begin{cases} x\sin\dfrac{1}{x}, & x \neq 0, \\ 0, & x = 0 \end{cases}$，判断函数 $f(x)$ 在 $x = 0$ 处的连续性。

分析：函数 $f(x)$ 在 $x = x_0$ 处连续需满足：（1）函数 $f(x)$ 在 $U(x_0)$ 处有定义；（2）$\lim\limits_{x \to x_0} f(x) = f(x_0)$。

解：由题意可知，函数 $f(x)$ 在 $x=0$ 处有定义，$\lim\limits_{x\to0}f(x)=\lim\limits_{x\to0}x\sin\dfrac{1}{x}=0=f(0)$，故函数 $f(x)$ 在 $x=0$ 处连续。

例 23　已知函数 $f(x)=\begin{cases}x-1,&x\geq0\\x+1,&x<0\end{cases}$，判断函数 $f(x)$ 在 $x=0$ 处是否连续。

分析：$\lim\limits_{x\to x_0^+}f(x)=\lim\limits_{x\to x_0^-}f(x)=f(x_0)$，即函数既是左连续又是右连续则函数连续。

解：$\lim\limits_{x\to0^-}f(x)=\lim\limits_{x\to0^-}(x+1)=1\neq f(0)$，$\lim\limits_{x\to0^+}f(x)=\lim\limits_{x\to0^+}(x-1)=-1=f(0)$，函数 $f(x)$ 在 $x=0$ 处右连续，不是左连续，故函数在 $x=0$ 不连续。

例 24　讨论函数 $f(x)=\dfrac{x^3+3x^2-x-3}{x^2+x-6}$ 的连续性，若有间断点，判断间断点的类型。

解：$f(x)=\dfrac{x^3+3x^2-x-3}{x^2+x-6}$ 的间断点为 $x=-3$，$x=2$，

$\lim\limits_{x\to-3}f(x)=\lim\limits_{x\to-3}\dfrac{(x+3)(x^2-1)}{(x+3)(x-2)}=\lim\limits_{x\to-3}\dfrac{x^2-1}{x-2}=-\dfrac{8}{5}$，

$\lim\limits_{x\to2}f(x)=\lim\limits_{x\to2}\dfrac{(x+3)(x^2-1)}{(x+3)(x-2)}=\lim\limits_{x\to2}\dfrac{x^2-1}{x-2}=\infty$。

故函数 $f(x)$ 在区间 $(-\infty,-3)$，$(-3,2)$，$(2,+\infty)$ 上连续，$x=-3$ 为函数 $f(x)$ 的可去间断点，$x=2$ 为函数 $f(x)$ 的无穷间断点。

例 25　判断函数 $f(x)=\dfrac{1+e^{\frac{1}{x}}}{3+e^{\frac{1}{x}}}$ 的间断点，并判断间断点的类型。

分析：$\lim\limits_{x\to-\infty}e^x=0$，$\lim\limits_{x\to+\infty}e^x=+\infty$。

解：显然 $x=0$ 为函数 $f(x)$ 的间断点，又因为

$\lim\limits_{x\to0^-}f(x)=\lim\limits_{x\to0^-}\dfrac{1+e^{\frac{1}{x}}}{3+e^{\frac{1}{x}}}=\dfrac{1}{3}$，$\lim\limits_{x\to0^+}f(x)=\lim\limits_{x\to0^+}\dfrac{1+e^{\frac{1}{x}}}{3+e^{\frac{1}{x}}}=1$，故 $x=0$ 为函数 $f(x)$ 的跳跃间断点。

例 26　函数 $f(x)=\dfrac{x^2-4}{x-2}e^{\frac{x-2}{4+x^2-4x}}$，讨论函数 $f(x)$ 在 $x=2$ 处的极限是否存在。

解：当 $x\neq2$ 时，$f(x)=\dfrac{x^2-4}{x-2}e^{\frac{x-2}{4+x^2-4x}}=(x+2)e^{\frac{1}{x-2}}$，又因为

$\lim\limits_{x\to2^-}\dfrac{1}{x-2}=-\infty$，$\lim\limits_{x\to2^+}\dfrac{1}{x-2}=+\infty$，

$\lim\limits_{x\to2^-}f(x)=\lim\limits_{x\to2^-}(x+2)e^{\frac{1}{x-2}}=0$，$\lim\limits_{x\to2^+}f(x)=\lim\limits_{x\to2^+}(x+2)e^{\frac{1}{x-2}}=+\infty$，故由极限存在的充要条件知，$f(x)$ 在 $x=2$ 处的极限不存在。

注：本题不是分段函数，但是要讨论 $x=2$ 处的左右极限。

例 27　设函数 $f(x)=\begin{cases}1+x^2,&x<0\\a,&x=0\\\dfrac{\sin bx}{x},&x>0\end{cases}$

（1）a，b 为何值时，$\lim\limits_{x \to 0} f(x)$ 存在；

（2）a，b 为何值时，$f(x)$ 在 $x = 0$ 处连续。

解：（1）$\lim\limits_{x \to 0^-}(1 + x^2) = 1$，$\lim\limits_{x \to 0^+}\dfrac{\sin bx}{x} = b$，故当 $b = 1$ 时，无论 a 为何值，$\lim\limits_{x \to 0} f(x)$ 存在，且 $\lim\limits_{x \to 0} f(x) = 1$。

（2）$\lim\limits_{x \to 0} f(x) = 1 = f(0) = a$，即 $a = 1$，$b = 1$ 时，$f(x)$ 在 $x = 0$ 处连续。

例 28 证明方程 $x^2 + 2x = 6$ 至少有一个实根介于 1 和 3 之间。

证明：令 $f(x) = x^2 + 2x - 6$，显然 $f(x)$ 在 $[1, 3]$ 上连续，且有 $f(1) = -3$，$f(3) = 9$，则 $f(1) \cdot f(3) < 0$，由零点存在定理可知，$f(x)$ 在 $(1, 3)$ 内至少有一点 ξ，使得 $f(\xi) = 0$，即方程 $x^2 + 2x = 6$ 至少有一个实根介于 1 和 3 之间。

五、强化练习

A 题

（一）选择题

1. 数列 $\{x_n\}$ 有界是数列 $\{x_n\}$ 收敛的（   ）。

A. 充分条件　　　　B. 必要条件　　　　C. 充要条件　　　　D. 既非必要也非充分条件

2. $f(x)$ 在 x_0 的某一去心邻域内有界是 $\lim\limits_{x \to x_0} f(x)$ 存在的（   ）。

A. 充分条件　　　　B. 必要条件　　　　C. 充要条件　　　　D. 既非必要也非充分条件

3. $f(x)$ 在 x_0 的某一去心邻域内无界是 $\lim\limits_{x \to x_0} f(x) = \infty$ 的（   ）。

A. 充分条件　　　　B. 必要条件　　　　C. 充要条件　　　　D. 既非必要也非充分条件

4. 当 $x \to x_0$ 时右极限 $f(x_0^+)$ 及左极限 $f(x_0^-)$ 都存在且相等是 $\lim\limits_{x \to x_0} f(x)$ 存在的（   ）。

A. 充分条件　　　　B. 必要条件　　　　C. 充要条件　　　　D. 既非必要也非充分条件

5. $f(x)$ 在 x_0 处连续是 $f(x)$ 在 x_0 处左连续且右连续的（   ）。

A. 充分条件　　　　B. 必要条件　　　　C. 充要条件　　　　D. 既非必要也非充分条件

6. $\lim\limits_{x \to x_0} f(x) = A$（$A$ 为常数），则 $f(x)$ 在 x_0 处（   ）。

A. 一定有定义　　B. 一定无定义　　C. 有定义且 $f(x_0) = A$　　D. 不一定有定义

7. $f(x)$ 在 x_0 处连续是 $\lim\limits_{x \to x_0} f(x)$ 存在的（   ）。

A. 充分条件　　　　B. 必要条件　　　　C. 充要条件　　　　D. 既非充分也非必要

8. 下列等式成立的是（   ）。

A. $\lim\limits_{x \to \infty}\dfrac{\sin x}{x} = 1$　　B. $\lim\limits_{x \to 0} x \sin\dfrac{1}{x} = 1$　　C. $\lim\limits_{x \to 0}\dfrac{1}{x}\sin\dfrac{1}{x} = 1$　　D. $\lim\limits_{x \to \infty} x \sin\dfrac{1}{x} = 1$

9. 下列等式成立的是（   ）。

A. $\lim\limits_{x \to \infty}\left(1 + \dfrac{1}{2x}\right)^x = e^2$　　　　　　　　B. $\lim\limits_{x \to 0}\left(1 + \dfrac{1}{x}\right)^x = e$

C. $\lim\limits_{x \to \infty}\left(1 - \dfrac{1}{x}\right)^{x} = -e$　　　　　　　D. $\lim\limits_{x \to 0}(1 + 2x)^{\frac{1}{x}} = e^{2}$

10. 当 $x \to 0$ 时，下列函数为无穷小的为(　　)。

A. $\sin\dfrac{1}{x}$　　　　　B. $x^{2} + \sin x$　　　　C. $\dfrac{1}{x}\ln(1 + x)$　　　　D. $2x - 1$

11. 设 $f(x) = \sin 2x$，$g(x) = \sqrt{1 + 2x} - 1$，当 $x \to 0$ 时，$f(x)$ 是 $g(x)$ 的(　　)。

A. 高阶无穷小　　B. 低阶无穷小　　C. 等价无穷小　　　　D. 同阶但不是等价无穷小

12. 设 $f(x) = \begin{cases} e^{x} - 1, & x \leqslant 0 \\ x^{2} + 1, & x > 0 \end{cases}$ 则 $\lim\limits_{x \to 0}f(x) = ($　　$)$。

A. 0　　　　　　B. 不存在　　　　　C. -1　　　　　　D. 1

13. 当 $x \to 0^{+}$ 时，下列函数为无穷小量的是(　　)。

A. $\sin\dfrac{1}{x}$　　　　　B. $\ln x$　　　　　C. $e^{\frac{1}{x}}$　　　　　D. $\arctan x$

14. 设函数 $f(x) = \begin{cases} 3x - 1, & x < 1 \\ 1, & x = 1 \\ 3 - x, & x > 1 \end{cases}$ 则 $x = 1$ 是函数的(　　)。

A. 连续点　　　　B. 跳跃间断点　　　C. 可去间断点　　　　D. 第二类间断点

15. 设 $f(x) = x^{2} - 5x + 6$，$g(x) = x - 3$，当 $x \to 3$ 时，$f(x)$ 是 $g(x)$ 的(　　)。

A. 高阶无穷小　　B. 低阶无穷小　　C. 等价无穷小　　　　D. 同阶但不是等价无穷小

16. 已知 $f(x) = \begin{cases} \dfrac{\ln(1 + ax)}{x}, & x > 0 \\ 1, & x = 0 \\ \dfrac{b(\cos x - 1)}{x^{2}}, & x < 0 \end{cases}$ 在 $x = 0$ 处连续，则 $a + b = ($　　$)$。

A. -2　　　　　B. -1　　　　　C. 2　　　　　　D. $\dfrac{1}{2}$

17. 方程 $x^{3} - 3x + 1 = 0$ 在区间(　　)内至少有一个实根。

A. $\left(\dfrac{1}{2}, 1\right)$　　　B. $(0, 1)$　　　　C. $(2, 3)$　　　　D. $(3, 4)$

(二)判断题(正确的填写 T，错误的填写 F)

1. 无穷多个无穷小的和仍然是无穷小。(　　)

2. 初等函数在其定义域内一定是连续的。(　　)

3. $x = 0$ 是 $y = e^{\frac{1}{x}}$ 的第二类间断点。(　　)

4. 当 $x \to 0$ 时，$\sin x$，$e^{x} - 1$，$x^{3} + x^{2} + x$，$\ln(1 + x)$ 彼此间都是等价无穷小。(　　)

5. 若 $\lim\limits_{x \to x_{0}}f(x)$ 存在，$\lim\limits_{x \to x_{0}}g(x)$ 不存在，则 $\lim\limits_{x \to x_{0}}[f(x) + g(x)]$ 不存在。(　　)

6. 若 $\lim\limits_{x \to a^{-}}f(x)$ 和 $\lim\limits_{x \to a^{+}}f(x)$ 都存在，则 $f(x)$ 在 $x = a$ 处连续。(　　)

7. 若数列 $\{x_{n}\}$ 收敛，则数列 $\{x_{n}\}$ 一定有界。(　　)

8. 若数列 $\{x_n\}$ 收敛，数列 $\{y_n\}$ 发散，则数列 $\{x_n + y_n\}$ 一定发散。（   ）

9. 数列 $\dfrac{1}{2}$，$\dfrac{2}{3}$，$\cdots$，$\dfrac{n}{n+1}$，$\cdots$ 的极限为 1。（   ）

10. 若 $\lim\limits_{x \to x_0} f(x)$ 存在，则 $\lim\limits_{x \to x_0^-} f(x)$ 和 $\lim\limits_{x \to x_0^+} f(x)$ 必存在。（   ）

11. $\lim\limits_{n \to \infty}\left(n - \dfrac{n^2}{n+1}\right) = \lim\limits_{n \to \infty} n - \lim\limits_{n \to \infty}\dfrac{n^2}{n+1} = (+\infty) - (+\infty) = 0$。（   ）

12. $\lim\limits_{x \to \infty}(\sqrt{x^2 - x} - x) = \lim\limits_{x \to \infty} x\left(\sqrt{1 - \dfrac{1}{x}} - 1\right) = \lim\limits_{x \to \infty} x \cdot \lim\limits_{x \to \infty}\left(\sqrt{1 - \dfrac{1}{x}} - 1\right) = +\infty \cdot 0 = 0$。

（   ）

（三）填空题

1. $\lim\limits_{n \to \infty}\dfrac{1 + 2 + \cdots + n}{n^2} = $ _____。

2. $\lim\limits_{x \to \infty}\dfrac{2x^3 + x + 1}{3x^3 + x^2 + 1} = $ _____。

3. 若 $\lim\limits_{x \to \infty}\left(\dfrac{x^2 + 1}{x + 1} - ax - b\right) = 2$，则 $a = $ _____，$b = $ _____。

4. 函数 $y = \dfrac{\ln(x - 2)}{\sqrt{x - 1}}$ 的连续区间为 _____。

5. 设 $f(x) = \begin{cases} a + bx^2, & x \leqslant 0 \\ \dfrac{\sin bx}{x}, & x > 0 \end{cases}$ 在 $x = 0$ 处连续，则常数 a 与 b 应满足的关系式 _____。

6. 若 $\lim\limits_{x \to \infty}\left(1 + \dfrac{k}{x}\right)^{2x} = \sqrt{e}$，则 $k = $ _____。

（四）计算下列极限

1. $\lim\limits_{n \to \infty}\dfrac{4n^2 - n - 1}{7 + 2n - 8n^2}$。

2. $\lim\limits_{n \to \infty}\dfrac{1 + a + a^2 + \cdots + a^n}{1 + b + b^2 + \cdots + b^n}$，$|a| < 1$，$|b| < 1$。

3. $\lim\limits_{n \to \infty}\left[\dfrac{1}{1 \cdot 2} + \dfrac{1}{2 \cdot 3} + \cdots + \dfrac{1}{n \cdot (n+1)}\right]$。

4. $\lim\limits_{x \to 1}\left(\dfrac{1}{1 - x} - \dfrac{3}{1 - x^3}\right)$。

5. $\lim\limits_{x \to \infty}(\sqrt{x^2 + 2} - \sqrt{x^2 - 3})$。

6. $\lim\limits_{x \to 1}\dfrac{x^m - 1}{x^n - 1}$。

7. $\lim\limits_{x \to \infty}\left(\dfrac{x}{1 + x}\right)^x$。

8. $\lim\limits_{x\to\infty}\left(\dfrac{x^2+1}{x^2-3}\right)^{x^2}$。

9. $\lim\limits_{x\to0}\dfrac{\sin5x-\sin3x}{\sin x}$。

10. $\lim\limits_{x\to0}\dfrac{(2+3x)^2\sin x-4\sin x}{1-\cos\dfrac{x}{3}}$。

11. $\lim\limits_{x\to1}\dfrac{\arcsin(1-x)}{\ln x}$。

12. $\lim\limits_{x\to\infty}x^2(1-\cos\dfrac{1}{x})$。

13. $\lim\limits_{x\to1}\dfrac{x^2-1}{3x^2+2x-1}$，$\lim\limits_{x\to-1}\dfrac{x^2-1}{3x^2+2x-1}$，$\lim\limits_{x\to\infty}\dfrac{x^2-1}{3x^2+2x-1}$。

14. $\lim\limits_{x\to0}(1+3\tan^2x)^{\cot^2x}$。

15. $\lim\limits_{x\to0}\dfrac{\sin x-\tan x}{(\sqrt[3]{1+x^2}-1)(\sqrt{1+\sin x}-1)}$。

16. $\lim\limits_{x\to0}\dfrac{x+\sin x}{x-2\tan x}$。

17. $\lim\limits_{x\to0}\dfrac{2^x-1}{\sqrt[3]{1-x}-1}$。

(五) 讨论题

1. 设 $f(x)=\begin{cases}e^{\frac{1}{x-1}}, & x>0\\ \ln(1+x), & -1<x\le0\end{cases}$　求 $f(x)$ 的间断点，并说明间断点的类型。

2. 讨论函数 $f(x)=\arctan\dfrac{1}{x}$ 的连续性，若 $f(x)$ 不连续，判定间断点的类型。

3. 设 $f(x)=\begin{cases}\dfrac{4x^2-1}{2x-1}, & x\ne\dfrac{1}{2}\\ 2, & x=\dfrac{1}{2}\end{cases}$，判断 $f(x)$ 是否连续，若不连续，判断间断点的类型。

4. 函数 $f(x)=\begin{cases}\dfrac{1}{x}\sin x, & x<0\\ k, & x=0\\ x\sin\dfrac{1}{x}+1, & x>0\end{cases}$，当 k 为何值时，$f(x)$ 在其定义域内连续。

(六) 证明题

证明：方程 $x=a\sin x+b(a>0,b>0)$ 至少有一个不大于 $a+b$ 的正根。

B 题

(一) 选择题

1. 函数 $y = \dfrac{1}{x}$ 在区间 $[1, 2)$ 内的最小值是(　　)。

A. $\dfrac{1}{2}$ 　　　　　B. 不存在　　　　　C. 比 $\dfrac{1}{2}$ 小的任何数　　　　D. $\dfrac{1}{3}$

2. 若 $f(x)$ 在 (a, b) 内至少存在一点 ξ，使 $f(\xi) = 0$，则 $f(x)$ 在 $[a, b]$ 上(　　)。

A. 一定连续且 $f(a) \cdot f(b) < 0$

B. 不一定连续，但 $f(a) \cdot f(b) < 0$

C. 不一定连续且不一定有 $f(a) \cdot f(b) < 0$

D. $f(x)$ 一定不连续

3. 当 $x \to 1$ 时，下列选项中的无穷小与 $1 - x$ 等价的是(　　)。

A. $1 - x^3$ 　　　　B. $\dfrac{1}{2}(1 - x^2)$ 　　　C. $\arcsin(x - 1)$ 　　　D. $\ln(2 + x)$

4. 下列说法不正确的是(　　)。

A. 无穷大数列一定是无界的　　　　B. 无界数列不一定是无穷大数列

C. 有极限的数列一定有界　　　　　D. 有界数列一定存在极限

5. 函数 $f(x) = \begin{cases} x - 1, & 0 < x \leq 1, \\ 2 - x, & 1 < x \leq 3 \end{cases}$ 在 $x = 1$ 处不连续的原因是(　　)。

A. 在 $x = 1$ 处无定义　　　　　　　B. $\lim\limits_{x \to 1^-} f(x)$ 不存在

C. $\lim\limits_{x \to 1^+} f(x)$ 不存在　　　　　D. $\lim\limits_{x \to 1} f(x)$ 不存在

(二) 填空题

1. $\lim\limits_{x \to 0} \cos\left(\dfrac{\sin \pi x}{x}\right) = $ _____。

2. 函数 $y = \dfrac{x^2 - 1}{x^2 - 3x + 2}$，则 $x = 1$ 为函数的第_____类间断点，$x = 2$ 为函数的第_____类间断点。

3. 已知 $\lim\limits_{x \to \infty}\left(\dfrac{x - c}{x + c}\right)^x = 4$，则 $c = $ _____。

4. 曲线 $y = \dfrac{3x + 1}{x}$ 的水平渐近线为 _____。

5. $\lim\limits_{x \to \infty} \dfrac{(2x - 1)^{15}(3x + 1)^{30}}{(3x - 2)^{45}} = $ _____。

(三) 计算题

1. 设 $x_n = \dfrac{1}{2} + \dfrac{1}{6} + \cdots + \dfrac{1}{n^2 + n}$，求 $\lim\limits_{n \to \infty} x_n$。

2. $\lim\limits_{x\to\infty}\left(\dfrac{3x-1}{1+3x}\right)^{x+2}$。

3. $\lim\limits_{x\to\frac{\pi}{2}}\dfrac{\ln(1+\cos x)}{\frac{\pi}{2}-x}$。

4. $\lim\limits_{x\to0}\dfrac{1}{x}\ln\sqrt{\dfrac{1+x}{1-x}}$。

5. 设 $\alpha(x)=\dfrac{1-x}{1+x}$，$\beta(x)=1-\sqrt[3]{x}$ 都是当 $x\to1$ 时的无穷下，试问 $\alpha(x)$ 与 $\beta(x)$ 是否为同阶无穷小? 是否为等价无穷小?

6. 设 $\alpha(x)=\dfrac{1}{ax^2+bx+c}$ 和 $\beta(x)=\dfrac{1}{x+1}$ 都是 $x\to\infty$时的无穷小，试问：(1)当 $\alpha(x)\sim\beta(x)$，则 a，b，c 的值为多少? (2)当 $\alpha(x)=o(\beta(x))$ 时，a，b，c 的值为多少?

7. $\lim\limits_{x\to0}\dfrac{\sqrt{1+f(x)\sin x}-1}{e^{3x}-1}=2$，求 $\lim\limits_{x\to0}f(x)$。

8. 试确定常数 a，使函数 $f(x)=\begin{cases}\dfrac{x+a}{2+e^{\frac{1}{x}}}, & x<0 \\ \dfrac{\sin x\cdot\tan\frac{x}{2}}{1-\cos2x}, & x>0\end{cases}$ 的极限 $\lim\limits_{x\to0}f(x)$ 存在。

9. 讨论函数 $f(x)=\begin{cases}\dfrac{2x}{\sqrt{1+x}-\sqrt{1-x}}, & -\dfrac{1}{2}<x<0 \\ 3-e^{\sin x}, & x\geq0\end{cases}$ 在 $x=0$ 处的连续性。

10. 讨论函数 $f(x)=\begin{cases}\cos\dfrac{\pi x}{2}, & |x|\leq1 \\ |x-1|, & |x|>1\end{cases}$ 的间断点，并判断间断点的类型。

第四章　导数与微分

一、目的要求

（1）理解导数的定义及其几何意义；

（2）掌握利用导数的定义判断导数是否存在的方法；

（3）理解导数的连续性与可导性的关系；

（4）掌握导数的四则运算法则、基本求导公式、反函数及复合函数求导法则；

（5）掌握隐函数求导，参数方程求导，以及对数求导法；

（6）理解微分的定义、几何意义及可微和可导的关系；

（7）掌握计算函数微分的公式和运算法则；

（8）理解微分在近似计算中的应用；

（9）掌握计算初等函数二阶导数的方法。

二、内容结构

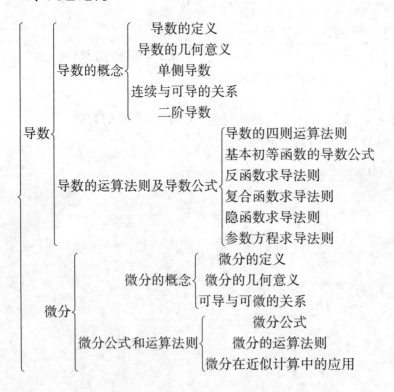

导数的概念
- 导数的定义
- 导数的几何意义
- 单侧导数
- 连续与可导的关系
- 二阶导数

导数的运算法则及导数公式
- 导数的四则运算法则
- 基本初等函数的导数公式
- 反函数求导法则
- 复合函数求导法则
- 隐函数求导法则
- 参数方程求导法则

微分的概念
- 微分的定义
- 微分的几何意义
- 可导与可微的关系

微分公式和运算法则
- 微分公式
- 微分的运算法则
- 微分在近似计算中的应用

三、知识梳理

(一) 导数的概念

1. 导数的定义

设函数 $f(x)$ 在点 x_0 的某个邻域内有定义，若 $\lim\limits_{\Delta x \to 0} \dfrac{\Delta y}{\Delta x}$ 存在，则称函数 $f(x)$ 在点 x_0 处可导，记作 $f'(x_0)$ 或 $\dfrac{dy}{dx}\big|_{x=x_0}$，其中 Δx，Δy 分别为自变量的增量和对应的函数值的增量。

函数 $f(x)$ 在点 x_0 处导数的定义式的几种等价形式：(1) $\lim\limits_{\Delta x \to 0} \dfrac{f(x_0 + \Delta x) - f(x_0)}{\Delta x}$；

(2) $\lim\limits_{h \to 0} \dfrac{f(x_0 + h) - f(x_0)}{h}$；　(3) $\lim\limits_{x \to x_0} \dfrac{f(x) - f(x_0)}{x - x_0}$。

2. 导数的几何意义

$y = f(x)$ 在点 x_0 处的导数 $f'(x_0)$，就是曲线 $y = f(x)$ 在点 $(x_0, f(x_0))$ 处的切线斜率，即 $f'(x_0) = k = \tan\alpha$（α 为切线的倾斜角）。曲线 $y = f(x)$ 在点 $(x_0, f(x_0))$ 处的切线方程为 $y - y_0 = f'(x_0)(x - x_0)$，若 $f'(x_0) \neq 0$，法线方程为 $y - y_0 = \dfrac{1}{f'(x_0)}(x - x_0)$。

3. 单侧导数

若 $\lim\limits_{\Delta x \to 0^-} \dfrac{f(x_0 + \Delta x) - f(x_0)}{\Delta x} \left[\text{或} \lim\limits_{x \to x_0^-} \dfrac{f(x) - f(x_0)}{x - x_0}\right]$ 存在，则称其为 $f(x)$ 在点 x_0 处的左导数，记作 $f'_-(x_0)$；若 $\lim\limits_{\Delta x \to 0^+} \dfrac{f(x_0 + \Delta x) - f(x_0)}{\Delta x} \left[\text{或} \lim\limits_{x \to x_0^+} \dfrac{f(x) - f(x_0)}{x - x_0}\right]$ 存在，则称其为 $f(x)$ 在点 x_0 处的右导数，记作 $f'_+(x_0)$。

函数 $f(x)$ 在点 x_0 处可导 $\Leftrightarrow f'_-(x_0) = f'_+(x_0)$。

4. 连续与可导的关系

若函数 $f(x)$ 在点 x_0 处可导，则函数 $f(x)$ 在点 x_0 处连续，反之不成立。

5. 二阶导数的定义

函数 $y = f(x)$ 的导数 $f'(x)$ 的导数 $[f'(x)]'$ 称为函数 $y = f(x)$ 的二阶导数，记作 $y''(x)$ 或 $\dfrac{d^2 y}{dx^2}$。

(二) 导数的运算法则及求导公式

1. 导数的四则运算法则

(1) $[u(x) \pm v(x)]' = u'(x) \pm v'(x)$；

(2) $[u(x)v(x)]' = u'(x)v(x) + u(x)v'(x)$；

(3) $\left[\dfrac{u(x)}{v(x)}\right]' = \dfrac{u'(x)v(x) - u(x)v'(x)}{v^2(x)} \ (v(x) \neq 0)$。

2. 基本初等函数的求导公式

(1) $(C)' = 0$(C 为任意常数)； (2) $(x^\alpha)' = \alpha x^{\alpha-1}$；

(3) $(a^x)' = a^x \ln a$； (4) $(e^x)' = e^x$；

(5) $(\log_a x)' = \dfrac{1}{x\ln a}$； (6) $(\ln x)' = \dfrac{1}{x}$；

(7) $(\sin x)' = \cos x$； (8) $(\cos x)' = -\sin x$；

(9) $(\tan x)' = \sec^2 x$； (10) $(\cot x)' = -\csc^2 x$；

(11) $(\sec x)' = \sec x\tan x$； (12) $(\csc x)' = -\csc x\cot x$；

(13) $(\arcsin x)' = \dfrac{1}{\sqrt{1-x^2}}$； (14) $(\arccos x)' = -\dfrac{1}{\sqrt{1-x^2}}$；

(15) $(\arctan x)' = \dfrac{1}{1+x^2}$； (16) $(arccot x)' = -\dfrac{1}{1+x^2}$；

(17) $(\text{sh} x)' = \text{ch} x$； (18) $(\text{ch} x)' = \text{sh} x$.

3. 反函数求导法则

若函数 $x = f(y)$ 在某区间 I_y 内单调、可导，且 $f'(y) \neq 0$，则它的反函数 $y = f^{-1}(x)$ 在对应区间 $I_x = \{x \mid x = f(y),\ y \in I_y\}$ 内也可导，且导数为

$$[f^{-1}(x)]' = \frac{1}{f'(y)} \quad \text{或} \quad \frac{y}{\mathrm{d}x} = \frac{1}{\dfrac{\mathrm{d}x}{\mathrm{d}y}}$$

4. 复合函数求导法则

若函数 $u = \varphi(x)$ 在点 x 处可导，而函数 $y = f(u)$ 在相应的 u 处可导，则复合函数 $y = f[\varphi(x)]$ 在点 x 处可导，且有 $\{f[\varphi(x)]\}' = f'(u)\varphi'(u)$ 或 $\dfrac{\mathrm{d}y}{\mathrm{d}x} = \dfrac{\mathrm{d}y}{\mathrm{d}u} \cdot \dfrac{\mathrm{d}u}{\mathrm{d}x}$。

5. 隐函数求导法则

若函数 $y = y(x)$ 满足方程 $F(x, y) = 0$，则称 $y = y(x)$ 是由方程 $F(x, y) = 0$ 确定的隐函数。将 $y = y(x)$ 代入 $F(x, y) = 0$，得 $F(x, y(x)) = 0$，利用复合函数求导法则，将方程 $F(x, y(x)) = 0$ 的两边同时对 x 求导，从中解出 y'。

6. 参数方程求导法则

若函数 $y = y(x)$ 是由参数方程 $\begin{cases} x = \phi(t), \\ y = \varphi(t) \end{cases}$ $(\alpha < t < \beta)$ 所确定，其中 $\varphi(t)$，$\phi(t)$ 在 (α, β) 内可导，则

$$\frac{\mathrm{d}y}{\mathrm{d}x} = \frac{\dfrac{\mathrm{d}y}{\mathrm{d}t}}{\dfrac{\mathrm{d}x}{\mathrm{d}t}} = \frac{\phi'(t)}{\varphi'(t)},\ \frac{\mathrm{d}^2 y}{\mathrm{d}x^2} = \frac{\mathrm{d}}{\mathrm{d}x}\left(\frac{\mathrm{d}y}{\mathrm{d}x}\right) = \frac{\phi''(t)\varphi'(t) - \phi'(t)\varphi''(t)}{\varphi'^3(t)}。$$

7. 对数求导法

对数求导法是利用对数的运算性质来简化求导运算的一种方法，常用于以下两种情况：

(1) 幂指函数的导数：

若 $y = u(x)^{v(x)}$，两边同时取对数，得 $\ln y = v(x)\ln u(x)$，两端再同时对 x 求导，于是有

$$\frac{y'}{y} = v'(x)\ln u(x) + v(x)\frac{u'(x)}{u(x)}，故\ y' = u(x)^{v(x)}\left[v'(x)\ln u(x) + v(x)\frac{u'(x)}{u(x)}\right]。$$

（2）含有若干个因式的乘、除、乘方、开方的函数的导数。

（三）微分的概念

1. 微分的定义

设函数 $y=f(x)$ 在 x_0 的某个邻域内有定义且在 x_0 处可导，称 $f'(x_0)\Delta x$ 为函数 $y=f(x)$ 在点 x_0 相应于自变量增量 Δx 的微分，记作 $\mathrm{d}y$，即 $\mathrm{d}y = f'(x_0)\Delta x$ 或 $\mathrm{d}y = f'(x_0)\mathrm{d}x$ 或 $\mathrm{d}y = y'\mathrm{d}x$。

2. 微分的几何意义

函数 $y=f(x)$ 在点 x_0 处的微分 $\mathrm{d}y\big|_{x=x_0}=f'(x_0)\mathrm{d}x$，就是曲线 $y=f(x)$ 在点 x_0 处的切线的纵坐标的增量。

3. 可微和可导的关系

可导与可微等价，即可导 $\Leftrightarrow$ 可微。

（四）微分的运算法则及求导公式

1. 微分的运算法则

（1）$\mathrm{d}[u(x)\pm v(x)] = \mathrm{d}[u(x)]\pm\mathrm{d}[v(x)]$；

（2）$\mathrm{d}[u(x)v(x)] = u(x)\mathrm{d}[v(x)] + v(x)\mathrm{d}[u(x)]$；

（3）$\mathrm{d}\left[\dfrac{u(x)}{v(x)}\right] = \dfrac{v(x)\mathrm{d}[u(x)] - u(x)\mathrm{d}[v(x)]}{v^2(x)}(v(x)\neq 0)$。

2. 基本初等函数的微分公式

（1）$\mathrm{d}(C) = 0(C\ 为任意常数)$；　　　（2）$\mathrm{d}(x^\alpha) = \alpha x^{\alpha-1}\mathrm{d}x$；

（3）$\mathrm{d}(a^x) = a^x\ln a\mathrm{d}x$；　　　　　（4）$\mathrm{d}(e^x) = e^x\mathrm{d}x$；

（5）$\mathrm{d}(\log_a x) = \dfrac{1}{x\ln a}\mathrm{d}x$；　　　（6）$\mathrm{d}(\ln x) = \dfrac{1}{x}\mathrm{d}x$；

（7）$\mathrm{d}(\sin x) = \cos x\mathrm{d}x$；　　　　（8）$\mathrm{d}(\cos x) = -\sin x\mathrm{d}x$；

（9）$\mathrm{d}(\tan x) = \sec^2 x\mathrm{d}x$；　　　（10）$\mathrm{d}(\cot x) = -\csc^2 x\mathrm{d}x$；

（11）$\mathrm{d}(\sec x) = \sec x\tan x\mathrm{d}x$；　（12）$\mathrm{d}(\csc x) = -\csc x\cot x\mathrm{d}x$；

（13）$\mathrm{d}(\arcsin x) = \dfrac{1}{\sqrt{1-x^2}}\mathrm{d}x$；　（14）$\mathrm{d}(\arccos x) = -\dfrac{1}{\sqrt{1-x^2}}\mathrm{d}x$；

（15）$\mathrm{d}(\arctan x) = \dfrac{1}{1+x^2}\mathrm{d}x$；　（16）$\mathrm{d}(\text{arccot}x) = -\dfrac{1}{1+x^2}\mathrm{d}x$。

3. 微分在近似计算中的应用

当 $|\Delta x|$ 很小时，常用的近似公式有

$\Delta y \approx \mathrm{d}y = f'(x)\Delta x$；$f(x) = f(x_0+\Delta x) \approx f(x_0) + f'(x_0)\Delta x$。

取 $\Delta x = x$，$x_0 = 0$ 时，$f(x) \approx f(0) + f'(0)x$

四、精选例题

例1 设函数 $f(x)$ 在 x_0 处可导，求 $\lim\limits_{h \to 0} \dfrac{f(x_0 + h) - f(x_0 - h)}{5h}$。

解：$\lim\limits_{h \to 0} \dfrac{f(x_0 + h) - f(x_0 - h)}{5h} = \dfrac{1}{5} \lim\limits_{h \to 0} \dfrac{f(x_0 + h) - f(x_0) + f(x_0) - f(x_0 - h)}{h}$

$$= \dfrac{1}{5} \left[\lim\limits_{h \to 0} \dfrac{f(x_0 + h) - f(x_0)}{h} + \lim\limits_{h \to 0} \dfrac{f(x_0) - f(x_0 - h)}{h} \right]$$

$$= \dfrac{1}{5} [f'(x_0) + f'(x_0)] = \dfrac{2}{5} f'(x_0)。$$

例2 设函数在 $x = 0$ 的某一邻域内有定义，且 $f(0) = 0, f'(0) = 3$，求 $\lim\limits_{x \to 0} \dfrac{f(2x)}{x}$。

解：由已知条件可知，函数 $f(x)$ 在 $x = 0$ 处可导，且 $f'(0) = 3$，又 $f(0) = 0$，所以

$f'(0) = \lim\limits_{x \to 0} \dfrac{f(x) - f(0)}{x - 0} = \lim\limits_{x \to 0} \dfrac{f(x)}{x}$，于是有

$$\lim\limits_{x \to 0} \dfrac{f(2x)}{x} = 2 \lim\limits_{x \to 0} \dfrac{f(2x)}{2x} \xrightarrow{t = 2x} 2 \lim\limits_{t \to 0} \dfrac{f(t)}{t} = 2f'(0) = 6。$$

注：例1和例2都是利用导数的定义求解，所谓求导三步法，即

第一步　求出函数 $y = f(x)$ 相应于自变量增量 Δx 的函数增量 $\Delta y = f(x + \Delta x) - f(x)$；

第二步　求出函数增量 Δy 与自变量增量 Δx 的比值 $\dfrac{\Delta y}{\Delta x}$；

第三步　求出极限 $\lim\limits_{\Delta x \to 0} \dfrac{\Delta y}{\Delta x} = \lim\limits_{\Delta x \to 0} \dfrac{f(x + \Delta x) - f(x)}{\Delta x} = f'(x)$。

例3 设函数 $f(x) = \begin{cases} x\sin\dfrac{1}{x}, & x \neq 0 \\ x, & x = 0 \end{cases}$ 试讨论 $f(x)$ 在 $x = 0$ 处的连续性和可导性。

分析：函数 $f(x)$ 在 x_0 处连续需满足（1）$f(x)$ 在 x_0 的某邻域有定义；（2）$\lim\limits_{x \to 0} f(x) = f(x_0)$。

函数 $f(x)$ 在 x_0 处可导需满足（1）$f(x)$ 在 x_0 处连续；（2）$f'(x_0) = \lim\limits_{x \to x_0} \dfrac{f(x) - f(x_0)}{x - x_0}$ 存在。

解：$\lim\limits_{x \to 0} x\sin\dfrac{1}{x} = 0 = f(0)$，故函数 $f(x)$ 在 $x = 0$ 处的连续；

$\lim\limits_{x \to 0} \dfrac{x\sin\dfrac{1}{x} - 0}{x - 0} = \lim\limits_{x \to 0} \sin\dfrac{1}{x}$，此极限不存在，故 $f(x)$ 在 $x = 0$ 处不可导。

例4 设函数 $f(x) = \begin{cases} e^x - 1 + x, & x \leq 0 \\ 2\ln(1 + x), & x > 0 \end{cases}$，讨论 $f(x)$ 在 $x = 0$ 处的可导性。

解：当 $x = 0$ 时，$f(0) = 0$，

$$\lim_{x \to 0^-} \frac{(e^x - 1 + x) - 0}{x - 0} = \lim_{x \to 0^-} \frac{e^x - 1}{x} + \lim_{x \to 0^-} \frac{x}{x} = 2,$$

$$\lim_{x \to 0^+} \frac{[2\ln(1 + x)] - 0}{x - 0} = 2, \ \text{即} \ f'_+(0) = f'_-(0),$$

故 $f(x)$ 在 $x = 0$ 处的可导且 $f'(0) = 2$。

例 5　设 $f(x) = (ax + b)\sin x + (cx + d)\cos x$，选择适当的常数 a、b、c、d，使 $f'(x) = x\cos x$。

解：因为 $f'(x) = a\sin x + (ax + b)\cos x + c\cos x - (cx + d)\sin x$

$= (a - cx - d)\sin x + (ax + b + c)\cos x = x\cos x,$

比较等式两端同类项的系数，得 $\begin{cases} a - d = 0 \\ c = 0 \\ a = 1 \\ b + c = 0 \end{cases}$ 则 $a = 1$，$b = 0$，$c = 0$，$d = 1$。

例 6　设函数 $f(x) = \begin{cases} e^{2x} + b, & x \leq 0 \\ \sin ax, & x > 0 \end{cases}$ 试选取适当的 a，b 的值，使 $f(x)$ 在 $x = 0$ 处可导，并求 $f'(x)$。

解：$f(0^-) = \lim_{x \to 0^-} f(x) = \lim_{x \to 0^-}(e^{2x} + b) = 1 + b$，$f(0^+) = \lim_{x \to 0^+} f(x) = \lim_{x \to 0^+}\sin ax = 0$，$f(0) = 1 + b$，因为 $f(x)$ 在 $x = 0$ 处连续，故有 $f(0^-) = f(0^+) = f(0)$，即得 $b = -1$，又因为 $f'_-(0) = \lim_{x \to 0^-} \frac{f(x) - f(0)}{x - 0} = \lim_{x \to 0^-} \frac{e^{2x} - 1}{x} = 2$，$f'_+(0) = \lim_{x \to 0^+} \frac{f(x) - f(0)}{x - 0} = \lim_{x \to 0^+} \frac{\sin ax}{x} = a$，$f(x)$ 在 $x = 0$ 处可导，有 $f'_-(0) = f'_+(0)$，得 $a = 2$，且 $f'(x) = \begin{cases} 2e^{2x}, & x \leq 0 \\ 2\cos 2x, & x > 0 \end{cases}$

例 7　求函数 $y = \sqrt{x\sqrt{x\sqrt{x}}}$ 的导数。

分析：本题中的函数看似复杂，但适当变型后，仍属于幂函数，利用幂函数求导公式 $(x^\alpha)' = \alpha x^{\alpha - 1}$。

解：$y = x^{\frac{1}{2}} \cdot x^{\frac{1}{4}} \cdot x^{\frac{1}{8}} = x^{\frac{7}{8}}$，$y' = \frac{7}{8}x^{\frac{1}{8}}$。

例 8　求函数 $y = \ln\sqrt{\frac{1 + 2x}{1 - 3x}}$ 的导数。

分析：本题利用复合函数求导法则直接求导相对麻烦，可根据对数的运算法则进行化简后求导。

解：$y = \frac{1}{2}[\ln(1 + 2x) - \ln(1 - 3x)]$，

则 $y' = \frac{1}{2}\left[\frac{2}{1 + 2x} - \frac{-3}{1 - 3x}\right] = \frac{5}{2(1 + 2x)(1 - 3x)}$。

例 9　求函数 $y = x^{\sin x}$ 的导数。

分析：本题中的函数属于幂指函数，对于幂指函数可采用对数求导法。

解：对函数 $y = x^{\sin x}$ 的两边同时去对数，有 $\ln y = \sin x \cdot \ln x$，两边同时对 x 求导，得 $\frac{1}{y}y'$

$$= \cos x \cdot \ln x + \frac{\sin x}{x}，故 \ y' = y(\cos x \cdot \ln x + \frac{\sin x}{x}) = x^{\sin x}(\cos x \cdot \ln x + \frac{\sin x}{x})。$$

例 10 已知函数 $y = x\sqrt{\dfrac{1+x}{1-x}}$，求 y'。

分析：本题若利用复合函数求导法则直接计算相对繁琐，且本题属于多个函数相乘、相除，可采用对数求导法。

解：两边同时去对数 $\ln y = \ln x + \dfrac{1}{2}[\ln(1+x) - \ln(1-x)]$，两边同时对 x 求导，得

$$\frac{1}{y}y' = \frac{1}{x} + \frac{1}{2}\left[\frac{1}{1+x} - \frac{-1}{1-x}\right] = \frac{1}{x} + \frac{1}{1-x^2}，故 \ y' = x\sqrt{\frac{1+x}{1-x}} \cdot \left[\frac{1}{x} + \frac{1}{1-x^2}\right]。$$

例 11 求函数 $y = 2x^3 + 1$ 的微分 $\mathrm{d}y$。

分析：求函数微分有两种方法：（1）先求导数 y'，再代入微分公式 $\mathrm{d}y = y'\mathrm{d}x$；（2）按照微分法则直接求微分。

解：解法一 $y' = 6x^2$，故 $\mathrm{d}y = 6x^2\mathrm{d}x$；

解法二 $\mathrm{d}y = \mathrm{d}(2x^3 + 1) = \mathrm{d}(2x^3) + \mathrm{d}(1) = 2\mathrm{d}(x^3) = 6x^2\mathrm{d}x$。

例 12 已知 $y = \ln|x+2|$，求 y'。

分析：遇到绝对值符号时，一般采用零点区分法划定 x 的取值范围，去掉绝对值符号，将原来函数化成分段函数，然后进行求导运算。

解：$y = \begin{cases} \ln(x+2), & x > -2 \\ \ln(-x-2), & x < -2 \end{cases}$，

当 $x > -2$ 时，$y' = [\ln(x+2)]' = \dfrac{1}{x+2}$；

当 $x < -2$ 时，$y' = [\ln(-x-2)]' = \dfrac{-1}{-x-2} = \dfrac{1}{x+2}$。

综上，$y' = \dfrac{1}{x+2}$。

例 13 设隐函数 $y = y(x)$ 由方程 $y + \arctan y - x = 0$ 所确定，求 y'。

解：对方程的两边关于 x 求导，有

$$y' + \frac{y'}{1+y^2} - 1 = 0，解得 \ y' = \frac{1+y^2}{2+y^2}。$$

例 14 求由方程 $ye^x + \ln y = 1$ 所确定的隐函数 $y = y(x)$ 在 $x = 0$ 处的导数。

解：对方程的两边关于 x 求导，有

$$y'e^x + ye^x + \frac{y'}{y} = 0，解得 \ y' = -\frac{y^2e^x}{1+ye^x}，当 \ x = 0 \ 时，y(0) = 1，即有$$

$$y'\Big|_{x=0} = -\frac{y^2e^x}{1+ye^x}\Big|_{x=0} = -\frac{1}{2}。$$

例 15 已知 $y = \sqrt{xy} - \cos(y-x)$，求 $\mathrm{d}y$。

解：解法一 函数两边对 x 同时求导，有

$$y' = \frac{1}{2\sqrt{xy}}(y + xy') + \sin(y - x)(y' - 1) \text{，得}$$

$$y' = \frac{y - 2\sqrt{xy}\sin(y - x)}{2\sqrt{xy} - x - 2\sqrt{xy}\sin(y - x)} \text{，则 } dy = \frac{y - 2\sqrt{xy}\sin(y - x)}{2\sqrt{xy} - x - 2\sqrt{xy}\sin(y - x)}dx \text{；}$$

解法二 $dy = d\sqrt{xy} - d\cos(y - x) = \frac{1}{2\sqrt{xy}}d(xy) + \sin(y - x)d(y - x)$

$$= \frac{1}{2\sqrt{xy}}(xdy + ydx) + \sin(y - x)(dy - dx) \text{，解得}$$

$$dy = \frac{y - 2\sqrt{xy}\sin(y - x)}{2\sqrt{xy} - x - 2\sqrt{xy}\sin(y - x)}dx \text{。}$$

例 16 求函数 $y = e^{-x}\cos x$ 的二阶导数。

解： $y' = -e^{-x}\cos x - e^{-x}\sin x$，$y'' = e^{-x}\cos x + e^{-x}\sin x + e^{-x}\sin x - e^{-x}\cos x = 2e^{-x}\sin x$。

例 17 已知方程 $2\arctan\frac{y}{x} = \ln(x^2 + y^2)$ 确定函数 $y = y(x)$，求 $\dfrac{d^2y}{dx^2}$。

解： 方程的两边同时对 x 求导，有

$$\frac{2}{1 + \left(\dfrac{y}{x}\right)^2} \cdot \frac{xy' - y}{x^2} = \frac{1}{x^2 + y^2} \cdot (2x + 2yy') \text{，}$$

解得 $y' = \dfrac{x + y}{x - y}$。因此

$$\frac{d^2y}{dx^2} = \frac{d}{dx}\left(\frac{dy}{dx}\right) = \frac{(1 + y')(x - y) - (x + y)(1 - y')}{(x - y)^2} = \frac{-2y + 2xy'}{(x - y)^2}$$

$$= \frac{-2y + 2x \cdot \dfrac{x + y}{x - y}}{(x - y)^2} = \frac{2(x^2 + y^2)}{(x - y)^3} \text{。}$$

例 18 已知参数方程 $\begin{cases} x = t - \arctan t \\ y = \ln(1 + t^2) \end{cases}$ 求 $\dfrac{d^2y}{dx^2}$。

解： $\dfrac{dy}{dx} = \dfrac{\dfrac{dy}{dt}}{\dfrac{dx}{dt}} = \dfrac{\dfrac{2t}{1 + t^2}}{1 - \dfrac{1}{1 + t^2}} = \dfrac{2}{t}$，$\dfrac{d^2y}{dx^2} = \dfrac{d}{dx}\left(\dfrac{dy}{dx}\right) = \dfrac{-\dfrac{2}{t^2}}{1 - \dfrac{1}{1 + t^2}} = -\dfrac{2(1 + t^2)}{t^4}$。

例 19 设 $y = f^2(x) + f(x^2)$，其中 $f(x)$ 具有二阶导数，求 y''。

解： $y' = 2f(x) \cdot f'(x) + f'(x^2) \cdot 2x$，

$y'' = 2[f'(x)]^2 + 2f(x) \cdot f''(x) + 2f'(x^2) + 4x^2f''(x^2)$。

例 20 求曲线 $y = \sqrt{x}$ 在点 $(4, 2)$ 处的切线方程和法线方程。

解： 切线的斜率为 $k = y'|_{x=4} = \dfrac{1}{2\sqrt{x}}\Big|_{x=4} = \dfrac{1}{4}$，

故切线方程为 $y - 2 = \dfrac{1}{4}(x - 4)$，即 $x - 4y + 4 = 0$；

法线方程为 $y - 2 = -4(x - 4)$，即 $4x + y - 18 = 0$。

例 21 在曲线 $y = x^{\frac{3}{2}}$ 上哪一点的切线与直线 $y = 3x - 1$ 平行，并求出此切线方程。

解：由题意可知，所求点处的切线斜率为 $k = y' = (3x - 1)' = 3$，而 $y' = \frac{3}{2}x^{\frac{1}{2}}$，根据导数的几何意义，有 $\frac{3}{2}x^{\frac{1}{2}} = 3$，解得 $x = 4$，故 $y = 8$，因此 $y = x^{\frac{3}{2}}$ 在点 $(4, 8)$ 处的切线与直线 $y = 3x - 1$ 平行，且切线为 $y - 8 = 3(x - 4)$，即 $3x - y - 4 = 0$。

例 22 求椭圆 $\frac{x^2}{9} + \frac{y^2}{4} = 1$ 在点 $P\left(1, \frac{4\sqrt{2}}{3}\right)$ 处的切线方程。

解：方程两边对 x 求导，得 $\frac{2x}{9} + \frac{2yy'}{4} = 0$，解得 $y'|_{x=1, y=\frac{4\sqrt{2}}{3}} = -\frac{4x}{9y}\Big|_{x=1, y=\frac{4\sqrt{2}}{3}} = -\frac{\sqrt{2}}{6}$。

故所求的切线方程为 $y - \frac{4\sqrt{2}}{3} = -\frac{\sqrt{2}}{6}(x - 1)$，即 $x + 3\sqrt{2}y - 9 = 0$。

例 23 试求与椭圆 $4x^2 + y^2 = 5$ 相切于点 $(1, -1)$ 和 $(-1, -1)$ 的抛物线的方程。

解：设所求的抛物线方程为 $y = ax^2 + bx + c$，由题意可知，抛物线过点 $(1, -1)$ 和 $(-1, -1)$，方程 $4x^2 + y^2 = 5$ 两边同时对 x 求导，得 $8x + 2yy' = 0 \Rightarrow y' = -\frac{4x}{y}$，则 $y'(1) = 4$，$y'(-1) = -4$，又椭圆与抛物线在 $(1, -1)$ 和 $(-1, -1)$ 处的切线相等，于是有

$$\begin{cases} a + b + c = -1 \\ a - b + c = -1 \\ (2ax + b)|_{x=1} = 4 \\ (2ax + b)|_{x=-1} = -4 \end{cases}, \quad 即 \begin{cases} a + b + c = -1 \\ a - b + c = -1 \\ 2a + b = 4 \\ -2a + b = -4 \end{cases} 解得 a = 2, b = 0, c = -3,$$

故所求的抛物线的方程为 $y = 2x^2 - 3$。

例 24 已知摆线的参数方程为 $\begin{cases} x = a(t - \sin t) \\ y = a(1 - \cos t) \end{cases} (0 \le t \le 2\pi)$，求

（1）摆线任一点处切线的斜率；

（2）摆线在 $t = \frac{\pi}{2}$ 处的切线方程。

解：（1）摆线任一点处切线的斜率为

$$k = \frac{dy}{dx} = \frac{\frac{dy}{dt}}{\frac{dx}{dt}} = \frac{a\sin t}{a(1 - \cos t)} = \cot\frac{t}{2}。$$

（2）当 $t = \frac{\pi}{2}$ 时，$x = a\left(\frac{\pi}{2} - 1\right)$，$y = a$，$k = \cot\frac{t}{2} = 1$，故所求的切线方程为

$$y - a = x - a\left(\frac{\pi}{2} - 1\right)，即 x - y + a\left(2 - \frac{\pi}{2}\right) = 0。$$

例 25 已知 $f(x) = \arcsin x$，求 $f(0.4983)$。

分析：$f(x_0 + \Delta x) \approx f(x_0) + f'(x_0)\Delta x$

解：$0.4983 = 0.5 - 0.0017$，设 $x_0 = 0.5$，$\Delta x = 0.0017$，

$f(x) = \arcsin x$，$f'(x) = \dfrac{1}{\sqrt{1 - x^2}}$，故

$f(0.4983) \approx f(0.5) + \dfrac{1}{\sqrt{1 - \dfrac{1}{2^2}}} \cdot (-0.0017) \approx 0.52$。

五、强化练习

A 题

（一）选择题

1. 设 $f(x)$ 可导，且 $\lim\limits_{h \to 0} \dfrac{f(x_0 + 2h) - f(x_0)}{h} = 1$，则 $f'(x_0) = ($　　$)$。

A. 1 　　　　　 B. 2 　　　　　 C. 0 　　　　　 D. $\dfrac{1}{2}$

2. 函数 $f(x)$ 在点 $x = x_0$ 处连续是函数 $f(x)$ 在点 $x = x_0$ 处可导的($\quad$)。
A. 充要条件　　　 B. 充分非必要条件　 C. 必要非充分条件　 D. 既非充分也非必要
条件

3. 函数 $f(x) = \begin{cases} x^2 \sin \dfrac{1}{x}, & x \neq 0 \\ 0, & x = 0 \end{cases}$，在点 $x = 0$ 处($\quad$)。

A. 不连续　　　　 B. 连续且可导　　　 C. 连续不可导　　　 D. 以上结论均不正确

4. 函数 $y = (x - 1)^{\frac{1}{3}}$ 在 $x = 1$ 处($\quad$)。
A. 连续且可导　　 B. 连续不可导　　　 C. 不连续　　　　　 D. 以上结论均不正确

5. 设 $f(x) = \begin{cases} \dfrac{2}{3} x^3, & x \leq 1 \\ x^2, & x > 1 \end{cases}$，则 $f(x)$ 在点 $x = 1$ 处的($\quad$)。

A. 左、右导数都存在　　　　　　　 B. 左导数存在，右导数不存在
C. 左导数不存在，右导数存在　　　 D. 左、右导数都不存在

6. 曲线 $y = 2 - xe^y$ 在点 $(0, 2)$ 处的切线方程为($\quad$)。
A. $e^{-2}x + y - 2 = 0$ 　　　　　　 B. $e^2 x + y - 2 = 0$
C. $e^{-2}x - y - 2 = 0$ 　　　　　　 D. $e^2 x + y + 2 = 0$

7. 已知 $f(x) = \arctan x + e^2$，则 $f'(0) = ($　　$)$。
A. 2 　　　　　 B. 1 　　　　　 C. -1 　　　　　 D. 0

8. 设函数 $y = e^{2x}$，则 $y''(0) = ($　　$)$。
A. 0 　　　　　 B. 1 　　　　　 C. 2 　　　　　 D. 4

9. 已知 $f(x) = \sqrt{\arcsin x}$，则 $\left[f\left(\dfrac{1}{2}\right) \right]' = ($　　$)$。

A. $\sqrt{\dfrac{\pi}{6}}$ B. 0   C. $\dfrac{\pi}{2}$ D. 1

10. 已知函数 $y = e^x + x^n$，则 $y^{(n)} = ($)。

A. e^x B. $e^x + nx^{n-1}$ C. e^{nx} D. $e^x + n!$

11. 设函数 $y = f(x^2)$，则 $\dfrac{dy}{dx} = ($)。

A. $2xf'(x^2)$ B. $2f'(x^2)$ C. $f'(x^2)$ D. $2xf'(x)$

12. 已知 $y = \dfrac{1}{2}\sin 2x + \sin x + 3$，则 y' 是(   )。

A. 奇函数   B. 偶函数

C. 非奇非偶函数函数   D. 既是奇函数有是偶函数

13. 函数 $f(x) = |x - 2|$ 在点 $x = 2$ 处的导数为(   )。

A. 1   B. 0   C. -1 D. 不存在

14. 下列命题正确的是(   )。

A. 若 $f(x) = g(x)$，则 $f'(x) = g'(x)$ B. 若 $f'(x) = g'(x)$，则 $f(x) = g(x)$

C. 若 $f'(x_0) = 0$，则 $f(x_0) = 0$ D. 若 $f(x_0) = 0$，则 $f'(x_0) = 0$

15. 函数 $f(x)$ 在点 x_0 处左右导数都存在是函数 $f(x)$ 在点 x_0 处可导的(   )。

A. 充分非必要条件   B. 必要非充分条件

C. 充要条件   D. 既非充分也非必要条件

16. 设 $f(x)$ 为可导函数，则 $d[\ln f(x)] = ($)。

A. $f'(x)dx$ B. $\dfrac{f'(x)}{f(x)}dx$ C. $\ln f(x)dx$ D. $f'(x)d(\ln f(x))$

17. 设 $f(x) = \ln 4$，则 $\lim\limits_{\Delta x \to 0} \dfrac{f(x + \Delta x) - f(x)}{\Delta x} = ($)。

A. 4   B. $\dfrac{1}{4}$ C. 0   D. ∞

18. 已知 $y = e^{f(x)}$，则 $y'' = ($)。

A. $e^{f(x)}f(x)$ B. $e^{f(x)}f''(x)$

C. $e^{f(x)}[f'(x) + f''(x)]$ D. $e^{f(x)}\{[f'(x)]^2 + f''(x)\}$

19. 已知函数 $y = x^2$ 在 $x = x_0$ 处有增量 $\Delta x = 0.2$ 时，对应函数增量的线性主部为 0.6，则 x_0 的值为(   )。

A. 0.2   B. 0.6   C. 1   D. 1.5

(二)判断题(正确的填写 T，错误的填写 F)

1. $f(x)$ 在 x_0 处不可导，则 $f(x)$ 在 x_0 处无切线。(   )

2. $(x^x)' = x \cdot x^{n-1}$。(   )

3. $y = f(u)$ 在点 u 处不可导，$u = \varphi(x)$ 在点 x 处不可导，则 $y = f[\varphi(x)]$ 在 x 处一定不可导。(   )

4. 若函数 $f(x)$ 在 x_0 处可微，Δx 是自变量 x 在点 x_0 处的增量，则 $\Delta x \to 0$ 时，$\Delta y - dy$ 是

Δx 的同阶无穷小。（　　）

5. 若函数 $f(x)$ 在 $x = a$ 处可导，则 $f(x)$ 在 $x = a$ 处一定可微。（　　）

6. $(1 + x)e^x = \mathrm{d}(xe^x)$。（　　）

7. 若 $f'(x_0)$ 存在，则 $\lim\limits_{x \to x_0} f(x)$ 一定存在。（　　）

8. 若函数 $f(x)$ 在 $x = x_0$ 处不可导，则 $f(x)$ 在 $x = a$ 处一定不连续。（　　）

9. 连续的曲线上的每一点处都有切线。（　　）

10. 可导的偶函数的导数是奇函数。（　　）

（三）填空题

1. 已知 $f'(x_0) = 3$，则 $\lim\limits_{h \to 0} \dfrac{h}{f(x_0 - 2h) - f(x_0)} = $ _____。

2. 若函数 $f(x)$ 在 $x = x_0$ 处的导数 $f'(x_0) = \infty$，则曲线 $y = f(x)$ 在点 $[x_0, f(x_0)]$ 处的切线方程为 _____。

3. 设函数 $y = f(x)$ 由参数方程 $\begin{cases} x = \varphi(\theta) \\ y = \phi(\theta) \end{cases}$ 确定，$\varphi(\theta)$，$\phi(\theta)$ 均可导，且 $x_0 = \varphi(\theta_0)$，$\varphi'(\theta_0) = 2$，$\dfrac{\mathrm{d}y}{\mathrm{d}x}\Big|_{x = x_0} = 2$，则 $\phi'(\theta_0) = $ _____。

4. 设 $y = \ln\tan\sqrt{x}$，则 $\mathrm{d}y = $ _____。

5. 设 $y = (x - 2)^2(x + 1)(x - 1)$，则 $\mathrm{d}y|_{x = 1} = $ _____。

6. 已知 $y = e^x \ln x$，则 $y' = $ _____。

7. $\mathrm{d}(\ \ ) = (\dfrac{1}{\tan x})\mathrm{d}(\tan x) = (\ \ )\mathrm{d}x$

8. 若函数 $y = f(x)$ 在点 x_0 处可导，$f'(x_0) = a$，又 $x = \varphi(t)$ 在点 t_0 可导，$x_0 = \varphi(t_0)$ 且 $\varphi'(t_0) = b$，则 $[f(\varphi(t))]'|_{t = t_0} = $ _____。

9. 设 $f(x) = \ln x^2$，则 $[f(2)]'$ 和 $f'(2)$ 分别是 _____。

10. 已知 $\dfrac{\mathrm{d}}{\mathrm{d}x}\left[f\left(\dfrac{1}{x^2}\right)\right] = \dfrac{1}{x}$，则 $f'\left(\dfrac{1}{3}\right) = $ _____。

（四）计算题

1. 设 $y = (1 + x^2)\left(3 - \dfrac{1}{x^2}\right)$，求 y'。

2. 求 $y = \ln(e^x + \sqrt{1 + e^{2x}})$ 的导数 y'。

3. 求 $y = \arcsin(\sin x)$ 的导数 y'。

4. 求 $y = \ln\left(\tan\dfrac{x}{2}\right) - \cos x$ 的导数 y'。

5. 求 $y = \ln\dfrac{1 + \sqrt{x}}{1 - \sqrt{x}}$ 的导数 y'。

6. 利用对数求导法求 $y = (\dfrac{x}{1+x})_x$ 的导数 y'。

7. 利用对数求导法求 $y = (\tan x)^{\sin x}$ $(0 < x < \dfrac{\pi}{2})$ 的微分 dy。

8. 已知隐函数 $x^2 + 2xy - y^2 = 2x$，求 $y'|_{(2,0)}$。

9. 利用对数求导法计算函数 $y = \dfrac{(x+1)^2 \sqrt[3]{3x-2}}{\sqrt[3]{(x-1)^2}}$ 的导数 y'。

10. 已知参数方程 $\begin{cases} x = e^t \sin t \\ y = e^t \cos t \end{cases}$ 求 $\dfrac{dy}{dx}\bigg|_{t = \frac{\pi}{2}}$。

11. 求隐函数 $y^3 - x^2 y = 2$ 的二阶导数 $y'(x)$。

12. 求参数方程 $\begin{cases} x = t^2 + 1 \\ y = t^3 - 2 \end{cases}$ 所确定的函数的二阶导数 $y''(x)$。

13. 讨论函数 $f(x) = \begin{cases} x\arctan\dfrac{1}{x}, & x \neq 0, \\ 0, & x = 0 \end{cases}$ 在 $x = 0$ 处的连续性与可导性。

14. 设函数 $f(x) = \begin{cases} e^{2x} + b, & x \leq 0 \\ \sin ax, & x > 0 \end{cases}$，试选取适当的 a，b 值，使 $f(x)$ 在 $x = 0$ 处可导，并求出 $f'(0)$。

（五）应用题

1. 求曲线 $y = 2\sin x + x^2$ 在 $x = 0$ 处的切线方程与法线方程。

2. 曲线 $y = x^2 + x - 2$ 上哪一点的切线与直线 $x + y - 3 = 0$ 平行，并求该切线方程。

3. 已知曲线 $y = \ln\dfrac{x}{e}$ 与曲线 $y = ax^2 + bx$ 在 $x = 1$ 处有共同的切线，求 a 与 b 的值。

4. 求曲线 $xy + \ln y = 1$ 在点 $P(1, 1)$ 处的切线方程与法线方程。

5. 已知曲线 $\begin{cases} x = t^2 + at + b \\ y = ce^t - e \end{cases}$，在 $t = 1$ 时过原点，且曲线在原点处的切线平行于直线 $2x - y + 1 = 0$，求 a、b、c 的值。

B 题

（一）选择题

1. 设 $f(x) = \tan\dfrac{x}{2} - \cot\dfrac{x}{2}$，则 $f'(x) = ($　　$)$。

A. $\dfrac{1}{2}\sin^2 x$ 　　　 B. $2\csc^2 x$ 　　　 C. $2\sec^2 x$ 　　　 D. $2\cos^2 x$

2. $\dfrac{\mathrm{d}(\ln x)}{\mathrm{d}(\sqrt{x})}=$（　　）。

A. $\dfrac{2}{x}$　　　　　　B. $\dfrac{2}{\sqrt{x}}$　　　　　　C. $\dfrac{2}{x\sqrt{x}}$　　　　　　D. $\dfrac{1}{2x\sqrt{x}}$

3. 若 $f(u)$ 可导，且 $y=f(\ln^2 x)$，则 $\dfrac{\mathrm{d}y}{\mathrm{d}x}=$（　　）。

A. $f'(\ln^2 x)$　　　B. $2\ln x f'(\ln^2 x)$　　　C. $\dfrac{2\ln x}{x}[f(\ln^2 x)]'$　　D. $\dfrac{2\ln x}{x}f'(\ln^2 x)$

4. 设 $y=\dfrac{\varphi(x)}{x}$，$\varphi(x)$ 可导，则 $\mathrm{d}y=$（　　）。

A. $\dfrac{x\mathrm{d}\varphi(x)-\varphi(x)\mathrm{d}x}{x^2}$　　　　　　B. $\dfrac{\varphi'(x)-\varphi(x)}{x^2}\mathrm{d}x$

C. $-\dfrac{\mathrm{d}\varphi(x)}{x^2}$　　　　　　D. $\dfrac{x\mathrm{d}\varphi(x)-\mathrm{d}\varphi(x)}{x^2}$

5. 两条曲线 $y=\dfrac{1}{x}$ 和 $y=ax^2+b$ 在点 $\left(2,\dfrac{1}{2}\right)$ 处相切，则常数 a，b 为（　　）。

A. $a=\dfrac{1}{16}$，$b=\dfrac{3}{4}$　　　　　　B. $a=-\dfrac{1}{16}$，$b=\dfrac{3}{4}$

C. $a=\dfrac{1}{16}$，$b=\dfrac{1}{4}$　　　　　　D. $a=-\dfrac{1}{16}$，$b=\dfrac{1}{4}$

（二）填空题

1. 设函数 $f(x)=(x-a)\varphi(x)$，其中函数 $\varphi(x)$ 在点 $x=a$ 处连续，则 $f'(a)=$ _____。

2. 设 $f(x)=\sin(x+\sin x)$，则 $f'(x)=$ _____。

3. 设 $y=\ln\sin x$，则 $y''=$ _____。

4. 已知 $f(x)$ 在 x_0 处可导，则 $\lim\limits_{x\to\infty}x\left[f\left(x_0+\dfrac{2}{x}\right)-f(x_0)\right]=$ _____。

5. 曲线方程 $3y^2=x^2(x+1)$，则在点 $(2,2)$ 处的切线斜率 $k=$ _____。

（三）计算题

1. 设函数 $g(x)=\begin{cases}(x-2)^2\sin\dfrac{1}{x-1}, & x\neq 2\\ 0, & x=2\end{cases}$，又 $f(t)$ 在 $t=0$ 处可导，求复合函数 $y=f[g(x)]$ 在 $x=2$ 处的导数。

2. 已知 $y=\arctan x^2+5^{2x}$，求 y'。

3. 已知 $y=\ln\sqrt{\dfrac{(1-x)e^x}{\arccos x}}$，求 $y'(0)$。

4. 设 $f(x)$ 可导，求函数 $y = f(e^{x^2})$ 的导数 $\dfrac{dy}{dx}$。

5. 求曲线 $y = e^{2x} + x^2$ 上横坐标 $x = 0$ 点处法线方程，并计算从原点到此法线的距离。

6. 已知函数 $y = 1 + xe^y$ 确定隐函数 $y = y(x)$，求 y''。

7. 已知 $(\sin x)^y = (\cos y)^x$，求 $\dfrac{dy}{dx}$。

第五章　中值定理与导数的应用

一、目的要求

（1）理解三个中值定理的条件、结论以及能够简单地应用；
（2）掌握利用洛必达法则求不定型函数的极限的方法；
（3）掌握利用导数判断函数单调性、求极值、最值的方法；
（4）理解函数凹凸性与拐点的概念；
（5）掌握利用导数描绘初等函数图像的方法。

二、内容结构

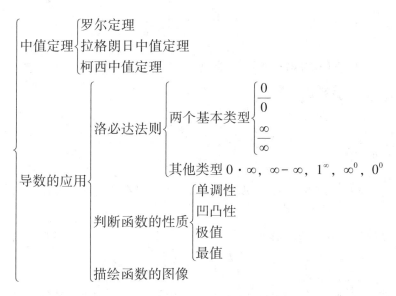

三、知识梳理

（一）中值定理

1. 费马定理
设函数 $f(x)$ 在 $U(x_0)$ 内有定义，且在 x_0 处可导，若对任一 $x \in U(x_0)$ 有 $f(x) \leq f(x_0)$
[或 $f(x) \geq f(x_0)$]，则有 $f'(x_0) = 0$。

2. 罗尔定理
若函数 $f(x)$ 满足（1）在闭区间 $[a, b]$ 上连续；（2）在开区间 (a, b) 内可导；
（3）$f(a) = f(b)$，则至少存在一点 $\xi \in (a, b)$，使得 $f'(\xi) = 0$ 成立。

3. 拉格朗日中值定理

若函数 $f(x)$ 满足(1)在闭区间 $[a, b]$ 上连续；(2)在开区间 (a, b) 内可导，则至少存在一点 $\xi \in (a, b)$，使得 $f(b) - f(a) = f'(\xi)(b - a)$ 成立。

推论：若函数 $f(x)$ 在区间 I 上有 $f'(x) \equiv 0$，则 $f(x) = C$（C 为常数）。

4. 柯西中值定理

若函数 $f(x)$ 及 $F(x)$ 满足(1)在闭区间 $[a, b]$ 上连续；(2)在开区间 (a, b) 内可导；

(3)对任一 $x \in (a, b)$，有 $F'(x) \neq 0$，则至少存在一点 $\xi \in (a, b)$，使得 $\dfrac{f(b) - f(a)}{F(b) - F(a)} = \dfrac{f'(\xi)}{F'(\xi)}$ 成立。

注：当 $g(x) = x$ 时，由柯西中值定理得拉格朗日定理。当 $f(a) = f(b)$ 时，拉格朗日定理转化成罗尔定理。

(二) 导数的应用

1. 洛必达法则

若(1) $\lim\limits_{\substack{x \to x_0 \\ (x \to \infty)}} \dfrac{f(x)}{g(x)}$ 为 $\dfrac{0}{0}$ 型或 $\dfrac{\infty}{\infty}$ 型。

(2) $f(x)$，$g(x)$ 在 $U(x_0)$ 内(或 $|x| > N$ 时)，$f'(x)$，$g'(x)$ 都存在，且 $g'(x) \neq 0$

(3) $\lim\limits_{\substack{x \to x_0 \\ (x \to \infty)}} \dfrac{f'(x)}{g'(x)}$ 存在(或为无穷大)

则 $\lim\limits_{\substack{x \to x_0 \\ (x \to \infty)}} \dfrac{f(x)}{g(x)} = \lim\limits_{\substack{x \to x_0 \\ (x \to \infty)}} \dfrac{f'(x)}{g'(x)}$。

注：(1)仅当 $\lim\limits_{\substack{x \to x_0 \\ (x \to \infty)}} \dfrac{f(x)}{g(x)}$ 为 $\dfrac{0}{0}$ 型或 $\dfrac{\infty}{\infty}$ 型未定式，才可以使用洛必达法则求极限，对于 $\infty - \infty, 0 \cdot \infty, \infty^0, 1^\infty, 0^0$ 型等未定式，应将其变形为 $\dfrac{0}{0}$ 型或 $\dfrac{\infty}{\infty}$ 型未定式，再用洛必达法则求其值。

(2) 若 $\lim\limits_{\substack{x \to x_0 \\ (x \to \infty)}} \dfrac{f'(x)}{g'(x)}$ 仍为 $\dfrac{0}{0}$ 型或 $\dfrac{\infty}{\infty}$ 型未定式，可再次使用洛必达法则进行计算，即洛必达法则可连续使用多次。

(3) 若 $\lim\limits_{\substack{x \to x_0 \\ (x \to \infty)}} \dfrac{f'(x)}{g'(x)}$ 不存在也不为 ∞ 时，即洛必达法则中条件(3)不成立时，则洛必达法则失效，但不能断言 $\lim\limits_{\substack{x \to x_0 \\ (x \to \infty)}} \dfrac{f(x)}{g(x)}$ 不存在，应考虑其他方法求解 $\lim\limits_{\substack{x \to x_0 \\ (x \to \infty)}} \dfrac{f(x)}{g(x)}$。

2. 函数的单调性

函数 $f(x)$ 在 $[a, b]$ 上连续，在 (a, b) 内可导，(1)若 $f'(x) > 0$，则 $f(x)$ 在 $[a, b]$ 上单调递增；(2)若 $f'(x) < 0$，则 $f(x)$ 在 $[a, b]$ 上单调递减。

驻点：若 $f'(x_0) = 0$，则称 $x = x_0$ 为 $f(x)$ 的驻点。

3. 函数的凹凸性

（1）定义：若当 $x \in (a, b)$ 时，曲线 $y = f(x)$ 上各点处都有切线，且在切点附近曲线弧总位于切线的上方（下方），则称曲线 $y = f(x)$ 在 (a, b) 上是凹的（凸的）。

（2）凹凸性判定定理：若 $f(x)$ 在 $[a, b]$ 上连续，在 (a, b) 内具有一阶和二阶导数，若 $f''(x) > 0$，则 $f(x)$ 在 $[a, b]$ 上是凹的；若 $f''(x) < 0$，则 $f(x)$ 在 $[a, b]$ 上是凸的。

拐点：设 $y = f(x)$ 在区间 I 上连续，若曲线 $y = f(x)$ 在过点 $(x_0, f(x_0))$ 时，曲线的凹凸性发生改变，则称点 $(x_0, f(x_0))$ 为曲线的拐点。

注：求曲线的凹凸区间及拐点的方法如下：若 $f(x)$ 在 (a, b) 内二阶可导，

（1）求 $f''(x)$ 并求出 $f''(x) = 0$ 在 (a, b) 内的根 $x_1 < x_2 < \cdots < x_m$；

（2）$f''(x) = 0$ 的根将 (a, b) 分成 $m + 1$ 个子区间 (a, x_1)，$\cdots$，(x_m, b)，在每个子区间上确定 $f''(x)$ 的正负号，从而确定曲线的凹凸区间；

（3）曲线的凹凸性发生改变的分界点就是拐点。

4. 函数的极值

设函数 $f(x)$ 在 $U(x_0)$ 内有定义，任一 $x \in \mathring{U}(x_0)$，若有 $f(x) < f(x_0)$，则 $f(x_0)$ 为 $f(x)$ 的极大值；若有 $f(x) > f(x_0)$，则 $f(x_0)$ 为 $f(x)$ 的极小值，称点 x_0 为极值点。

函数极值的判别法则 1：若函数 $f(x)$ 在点 x_0 处连续，且在 $\mathring{U}(x_0)$ 内可导，

（1）若在点 x_0 的左侧附近 $f'(x) > 0$，在点 x_0 的右侧附近 $f'(x) < 0$，则 $f(x_0)$ 为极大值；

（2）若在点 x_0 的左侧附近 $f'(x) < 0$，在点 x_0 的右侧附近 $f'(x) > 0$，则 $f(x_0)$ 为极小值；

（3）若在点 x_0 的左右两侧 $f'(x)$ 的符号不变，则 $f(x_0)$ 不是极值。

判别法则 2：设函数 $f(x)$ 在点 x_0 处有二阶导数且 $f'(x_0) = 0$，$f''(x_0) \neq 0$，

（1）若 $f''(x_0) < 0$，则 $f(x_0)$ 为极大值；

（2）若 $f''(x_0) > 0$，则 $f(x_0)$ 为极小值。

注：函数 $f(x)$ 的二阶导数容易求出时，使用判别法则 2 非常方便，但当 $f''(x_0) = 0$ 时，判别法则 2 无法判断 $f(x_0)$ 是否为极值，此时仍需要使用判别法则 1。

5. 函数的最值

最值的计算方法：求出函数 $y = f(x)$ 在区间 $[a, b]$ 上的所有驻点、不可导点，以及区间端点处的函数值，从中选取最大值或最小值。

应用题中的最值问题：若反映实际问题的函数在其定义域内仅有一个驻点，则该驻点对应的函数值就是所求函数的最值。

6. 描绘函数的图像

水平渐近线：若 $\lim\limits_{x \to \infty} f(x) = A$，则称直线 $y = A$ 为曲线 $y = f(x)$ 的水平渐近线。

铅直渐近线：若 $\lim\limits_{x \to x_0} f(x) = \infty$，则称直线 $x = x_0$ 为曲线 $y = f(x)$ 的铅直渐近线。

斜渐近线：若 $\lim\limits_{\substack{x \to +\infty \\ (x \to -\infty)}} \dfrac{f(x)}{x} = a (a \neq 0)$，且 $\lim\limits_{\substack{x \to +\infty \\ (x \to -\infty)}} [f(x) - ax] = b$，称直线 $y = ax + b$ 为曲线 $y = f(x)$ 的斜渐近线。

绘图步骤:

(1) 确定函数的定义域, 判断函数的奇偶性和周期性;

(2) 求出函数的间断点、驻点、不可导点, 并插入定义域, 将定义域分成若干个子区间;

(3) 列表讨论函数在各个子区间的单调性、凹凸性, 判断极值点和拐点;

(4) 计算曲线的渐近线;

(5) 求出曲线上的一些辅助点, 比如与坐标轴的交点等;

(6) 描绘图像。

四、精选例题

(一) 中值定理

例 1 验证罗尔定理对函数 $y = \ln\sin x$ 在区间 $\left[\dfrac{\pi}{6}, \dfrac{5\pi}{6}\right]$ 上的正确性。

解: 因为 $y = \ln\sin x$ 在区间 $\left[\dfrac{\pi}{6}, \dfrac{5\pi}{6}\right]$ 上连续, 在区间 $\left(\dfrac{\pi}{6}, \dfrac{5\pi}{6}\right)$ 上可导, 且 $f'(x) = \dfrac{\cos x}{\sin x}$ $= \cot x$, $f(\dfrac{\pi}{6}) = \ln\dfrac{1}{2} = f(\dfrac{5\pi}{6})$, 故函数满足罗尔定理。

令 $f'(x) = \cot x = 0$, 得 $x = \dfrac{\pi}{2} \in (\dfrac{\pi}{6}, \dfrac{5\pi}{6})$, 即 $y = \ln\sin x$ 在区间 $(\dfrac{\pi}{6}, \dfrac{5\pi}{6})$ 内有一点 $\xi = \dfrac{\pi}{2}$, 使得 $f'(\xi) = 0$ 。

例 2 设函数 $f(x)$ 在区间 $[0, 1]$ 上连续, 在 $(0, 1)$ 内可导, 且 $f(0) = 1, f(1) = 0$,

证明: 至少存在一点 $\xi \in (0, 1)$, 使得 $f'(\xi) = \dfrac{f(\xi)}{\xi}$ 。

分析: 要证 $f'(\xi) = \dfrac{f(\xi)}{\xi}$, 只要证明 $f(\xi) + \xi f'(\xi) = 0$ 即可, 作辅助函 $F(x) = xf(x)$ 。

证明: 令 $F(x) = xf(x)$, 显然 $F(x)$ 在区间 $[0, 1]$ 上连续, 在 $(0, 1)$ 内可导, 且有 $F'(x) = f(x) + xf'(x)$, $F(0) = 0 \cdot f(0) = 0$, $F(1) = 1 \cdot f(1) = 0$, 故满足罗尔定理的条件, 则在 $(0, 1)$ 内至少存在一点 $\xi \in (0, 1)$, 使得 $F'(\xi) = 0$, 即 $f(\xi) + \xi f'(\xi) = 0$, 从而有 $f'(\xi) = \dfrac{f(\xi)}{\xi}$ 。

例 3 设函数 $f(x)$ 在区间 $[0, 1]$ 上连续, 在 $(0, 1)$ 内可导, 且 $f(0) = 0, f(1) = 1$,

证明: 对任意给定的正数 a、b, 在 $(0, 1)$ 内存在不同的 ξ、η, 使得 $\dfrac{a}{f'(\xi)} + \dfrac{b}{f'(\eta)} = a + b$ 。

证明: 因为 a、b 都为正数, 有 $0 < \dfrac{a}{a+b} < 1$, 又因为 $f(x)$ 在区间 $[0, 1]$ 上连续, 由介值定理, 存在 $\lambda \in (0, 1)$, 使得 $f(\lambda) = \dfrac{a}{a+b}$ 。 在区间 $[0, \lambda]$ 和 $[\lambda, 1]$ 上分别用拉格

朗日中值定理

$$f(\lambda) - f(0) = (\lambda - 0)f'(\xi)\,, \xi \in (0,\ \lambda)\,, f(1) - f(\lambda) = (1 - \lambda)f'(\eta)\,, \eta \in (\lambda,\ 1)\,,$$

又 $f(0) = 0, f(1) = 1$，由以上两式得 $\lambda = \dfrac{f(\lambda)}{f'(\xi)} = \dfrac{\frac{a}{a+b}}{f'(\xi)}\,, 1 - \lambda = \dfrac{1 - f(\lambda)}{f'(\eta)} = \dfrac{\frac{b}{a+b}}{f'(\eta)}\,,$

故有 $\dfrac{a}{f'(\xi)(a+b)} + \dfrac{b}{f'(\eta)(a+b)} = 1$，整理有 $\dfrac{a}{f'(\xi)} + \dfrac{b}{f'(\eta)} = a + b$。

例 4　证明不等式 $|\arctan x - \arctan y| \leqslant |x - y|$。

证明： 设 $f(t) = \arctan t\,, t \in [x,\ y]$（或 $[y,\ x]$），显然函数 $f(t) = \arctan t$ 在区间上满足拉格朗日中值定理的条件，且 $f'(t) = \dfrac{1}{1 + t^2}$，故存在一点 $\xi \in (x,\ y)\,[$ 或 $\xi \in (y,\ x)]$，使得

$$\arctan x - \arctan y = \frac{1}{1 + \xi^2}(x - y)\,, \text{即} |\arctan x - \arctan y| = \frac{1}{1 + \xi^2}|x - y|。 \text{又} \frac{1}{1 + \xi^2} \leqslant$$

1，故有 $|\arctan x - \arctan y| \leqslant |x - y|$。

（二）洛必达法则

例 5　$\lim\limits_{x \to 1} \dfrac{x^3 - 5x + 4}{x^3 - 1}$。

分析： 本题属于 $\dfrac{0}{0}$ 型的未定式，可以使用洛必达法则求极限。

解： 原式 $= \lim\limits_{x \to 1} \dfrac{3x^2 - 5}{3x^2} = -\dfrac{2}{3}$。

例 6　$\lim\limits_{x \to 0^+} \dfrac{\ln\tan 3x}{\ln\tan 5x}$。

分析： 本题属于 $\dfrac{\infty}{\infty}$ 型的未定式，可以使用洛必达法则求极限。

解： 原式 $= \lim\limits_{x \to 0^+} \dfrac{\sec^2 3x \cdot 3 \cdot \frac{1}{\tan 3x}}{\sec^2 5x \cdot 5 \cdot \frac{1}{\tan 5x}} = \lim\limits_{x \to 0^+} \dfrac{3}{5} \cdot \dfrac{\sec^2 3x}{\sec^2 5x} \cdot \dfrac{\tan 5x}{\tan 3x} = 1$。

例 7　$\lim\limits_{x \to 0} \dfrac{x^2 \sin\frac{1}{x}}{\sin x}$。

分析： 本题属于 $\dfrac{0}{0}$ 型的未定式，$\left(x^2 \sin\dfrac{1}{x}\right)' = 2x\sin\dfrac{1}{x} - \cos\dfrac{1}{x}$，由于 $\lim\limits_{x \to 0}\cos\dfrac{1}{x}$ 不存在，故本题不能使用洛必达法则，可以采用其他求极限的方法。

解： 原式 $= \lim\limits_{x \to 0} \dfrac{x^2 \sin\frac{1}{x}}{x} = \lim\limits_{x \to 0} x \cdot \sin\dfrac{1}{x} = 0$。

例8　$\lim\limits_{x\to 0}\dfrac{\ln(1+x^2)}{\sec x-\cos x}$。

分析：本题属于 $\dfrac{0}{0}$ 型的未定式，且有 $\ln(1+x^2)\sim x^2$，在计算极限时洛比达法则和等价无穷小可以结合使用。

解：原式 $=\lim\limits_{x\to 0}\dfrac{x^2}{\sec x-\cos x}=\lim\limits_{x\to 0}\dfrac{2x}{\sec x\cdot\tan x+\sin x}=\lim\limits_{x\to 0}\dfrac{2x}{\sin x\left[\dfrac{1}{\cos^2 x}+1\right]}=1$。

例9　$\lim\limits_{x\to 0}x^2 e^{\frac{1}{x^2}}$。

分析：本题属于 $0\cdot\infty$ 型的未定式，可将其转化为 $\dfrac{0}{0}$ 或 $\dfrac{\infty}{\infty}$。

解：原式 $=\lim\limits_{x\to 0}\dfrac{e^{\frac{1}{x^2}}}{\dfrac{1}{x^2}}=\lim\limits_{x\to 0}\dfrac{e^{\frac{1}{x^2}}\cdot\left(-\dfrac{2}{x^3}\right)}{-\dfrac{2}{x^3}}=\lim\limits_{x\to 0}e^{\frac{1}{x^2}}=+\infty$。

例10　$\lim\limits_{x\to 0}\left(\dfrac{1}{\sin^2 x}-\dfrac{1}{x^2}\right)$。

分析：本题属于 $\infty-\infty$ 类型，可将其转化为 $\dfrac{0}{0}$ 或 $\dfrac{\infty}{\infty}$ 类型。

解：原式 $=\lim\limits_{x\to 0}\dfrac{x^2-\sin^2 x}{x^2\sin^2 x}=\lim\limits_{x\to 0}\dfrac{x^2-\sin^2 x}{x^4}=\lim\limits_{x\to 0}\dfrac{2x^2-2\sin x\cos x}{4x^3}$

$=\lim\limits_{x\to 0}\dfrac{2-2\cos 2x}{12x^2}=\lim\limits_{x\to 0}\dfrac{1-\cos 2x}{6x^2}=\lim\limits_{x\to 0}\dfrac{2x^2}{6x^3}=\dfrac{1}{3}$。

例11　$\lim\limits_{x\to 1}x^{\frac{1}{1-x}}$。

分析：本题属于 1^∞，将原式用对数形式进行表示 $x^{\frac{1}{1-x}}=e^{\frac{1}{1-x}\ln x}$，转化为 $0\cdot\infty$ 型再进行极限运算。

解：原式 $=\lim\limits_{x\to 1}e^{\frac{1}{1-x}\ln x}=e^{\lim_{x\to 1}\frac{\ln x}{1-x}}=e^{\lim_{x\to 1}\frac{\frac{1}{x}}{-1}}=e^{-1}=\dfrac{1}{e}$。

例12　$\lim\limits_{x\to 1}\left(\dfrac{1}{x}\right)^{\tan x}$。

分析：本题属于 ∞^0，将原式用对数形式进行表示 $\left(\dfrac{1}{x}\right)^{\tan x}=e^{\tan x(-\ln x)}$，转化为 $0\cdot\infty$ 型再进行极限运算。

解：$\lim\limits_{x\to 0^+}\left(\dfrac{1}{x}\right)^{\tan x}=\lim\limits_{x\to 0^+}e^{\tan x(-\ln x)}=e^{\lim_{x\to 0^+}\tan x\cdot(-\ln x)}$，

又因为 $\lim\limits_{x\to 0^+}\tan x\cdot(-\ln x)=\lim\limits_{x\to 0^+}\dfrac{-\ln x}{\cot x}=\lim\limits_{x\to 0^+}\dfrac{-\dfrac{1}{x}}{-\csc^2 x}=\lim\limits_{x\to 0^+}\dfrac{\sin^2 x}{x}=0$，故原式的极限

$$\lim_{x \to 0^+} \left(\frac{1}{x}\right)^{\tan x} = e^{\lim_{x \to 0^+} \tan x(-\ln x)} = e^0 = 1 。$$

例 13　$\lim\limits_{x \to 0} \dfrac{e^x - e^{\sin x}}{x - \sin x}$。

分析：本题属于 $\dfrac{0}{0}$ 型的未定式，可以利用等价无穷小进行计算，也可以使用洛必达法则求其值，还可以使用拉格朗日中值定理求出极限值。

解：解法一　原式 $= \lim\limits_{x \to 0} \dfrac{e^{\sin x}(e^{x-\sin x} - 1)}{x - \sin x} = \lim\limits_{x \to 0} e^{\sin x} \cdot \lim\limits_{x \to 0} \dfrac{e^{x-\sin x} - 1}{x - \sin x} = \lim\limits_{x \to 0} \dfrac{x - \sin x}{x - \sin x} = 1$；

解法二　原式 $= \lim\limits_{x \to 0} \dfrac{e^x - \cos x e^{\sin x}}{1 - \cos x} = \lim\limits_{x \to 0} \dfrac{e^x + \sin x e^{\sin x} - \cos^2 x e^{\sin x}}{\sin x}$

$$= \lim_{x \to 0} \dfrac{e^x + \cos x e^{\sin x} + 3\sin x \cos x e^{\sin x} - \cos^3 x e^{\sin x}}{\cos x}$$

$$= 1 ;$$

解法三　函数 $f(t) = e^t$ 在区间 $[\sin x, \ x]$（或 $[x, \ \sin x]$）上满足拉格朗日中值定理，得 $e^x - e^{\sin x} = e^\xi (x - \sin x)$，其中 ξ 在 $\sin x$，x 之间，当 $x \to 0$ 时，$\sin x \to 0$，故 $\xi \to 0$，所以有 $\lim\limits_{x \to 0} \dfrac{e^x - e^{\sin x}}{x - \sin x} = \lim\limits_{\xi \to 0} e^\xi = 1$。

（三）判断函数的性质

例 14：证明：当 $0 < x < \dfrac{\pi}{2}$ 时，$\sin x + \tan x > 2x$。

证明：令 $f(x) - \sin x + \tan x - 2x$，$0 < x < \dfrac{\pi}{2}$，则

$$f'(x) = \cos x + \sec^2 x - 2 > \cos^2 x + \dfrac{1}{\cos^2 x} - 2 = \left(\cos x - \dfrac{1}{\cos x}\right)^2 > 0$$

故 $f(x)$ 在 $\left(0, \dfrac{\pi}{2}\right)$ 上单调增加，又 $f(0) = 0$，当 $0 < x < \dfrac{\pi}{2}$ 时，有 $f(x) > 0$，即 $\sin x + \tan x > 2x$。

例 15　求曲线 $y = \sin x + \cos x$ 在区间 $[0, 2\pi]$ 上的单调区间和极小值。

解：（1）函数的定义域为 $[0, 2\pi]$；

（2）$y' = \cos x - \sin x$，令 $y' = 0$，得驻点为 $x_1 = \dfrac{\pi}{4}$，$x_2 = \dfrac{5\pi}{4}$；

（3）驻点把定义域划分为 $\left[0, \dfrac{\pi}{4}\right]$，$\left[\dfrac{\pi}{4}, \dfrac{5\pi}{4}\right]$，$\left[\dfrac{5\pi}{4}, 2\pi\right]$，列表

x	$\left[0, \dfrac{\pi}{4}\right)$	$\dfrac{\pi}{4}$	$\left(\dfrac{\pi}{4}, \dfrac{5\pi}{4}\right)$	$\dfrac{5\pi}{4}$	$\left(\dfrac{5\pi}{4}, 2\pi\right]$
y'	+	0	−	0	+
y	↗	极大值 $\sqrt{2}$	↘	极小值 $-\sqrt{2}$	↗

曲线 $y = \sin x + \cos x$ 在区间 $\left(0, \dfrac{\pi}{4}\right)$, $\left(\dfrac{5\pi}{4}, 2\pi\right)$ 上单调增加，在 $\left(\dfrac{\pi}{4}, \dfrac{5\pi}{4}\right)$ 上单调减少，极大值为 $\sqrt{2}$，极小值为 $-\sqrt{2}$。

例 16 求曲线 $y = x^4(12\ln x - 7)$ 的凹凸区间和拐点。

解：（1）函数的定义域为 $(0, +\infty)$；

（2）$y' = 4x^3(12\ln x - 7) + 12x^3$，$y'' = 144x^2 \cdot \ln x$，令 $y'' = 0$，得 $x = 1$；

（3）列表讨论有

x	$(0, 1)$	1	$(1, +\infty)$
y''	$-$	0	$+$
y	凸的	拐点	凹的

曲线 $y = x^4(12\ln x - 7)$ 在区间 $(0, 1)$ 上是凸的，在区间 $(1, +\infty)$ 上是凹的，拐点为 $(1, -7)$。

例 17 已知函数 $f(x) = a\ln x + bx^2 + x$ 有两个极值点 $x_1 = 1$，$x_2 = 2$，求 a、b 的值。

解： $f'(x) = \dfrac{a}{x} + 2bx + 1$，$x_1 = 1$，$x_2 = 2$ 为函数的极值点，故有

$$\begin{cases} f'(1) = a + 2b + 1 = 0 \\ f'(2) = \dfrac{a}{2} + 4b + 1 = 0 \end{cases}，得 a = -\dfrac{2}{3}，b = -\dfrac{1}{6}。$$

例 18 当 a、b 为何值时，点 $(1, 0)$ 是曲线 $y = ax^3 + bx^2 + 2$ 的拐点。

分析： 若使得 $(1, 0)$ 为曲线的拐点需满足 $\begin{cases} y''|_{x=1} = 0 \\ y|_{x=1} = 0 \end{cases}$，解方程求得 a、b 的值。

解： $y' = 3ax^2 + 2bx$，$y'' = 6ax + 2b$，由题意有

$$\begin{cases} 6a + 2b = 0 \\ a + b + 2 = 0 \end{cases}，从而有 a = 1，b = -3。$$

例 19 求函数 $y = (x - 1)\sqrt[3]{x^2}$ 在区间 $\left[-1, \dfrac{1}{2}\right]$ 的最大值和最小值。

解： $y' = \dfrac{5}{3}\sqrt[3]{x^2} - \dfrac{2}{3\sqrt[3]{x}}$，令 $y' = 0$，得 $x = \dfrac{2}{5}$，不可导点为 $x = 0$，

$f(-1) = -2$，$f(0) = 0$，$f\left(\dfrac{2}{5}\right) = -\dfrac{3}{5}\sqrt[3]{\dfrac{4}{25}}$，$f\left(\dfrac{1}{2}\right) = -\dfrac{1}{2}\sqrt[3]{\dfrac{1}{4}}$，故函数的最大值为 $f(0) = 0$，最小值为 $f(-1) = -2$。

例 20 设有一底部为正方形的无盖长方体水箱，其底部材料的单位面积与侧面材料的单位面积的价格之比为 $3:2$，问：容积 V 一定的条件下，水箱高度 h 与底部正方形边长 a 之比为多少时造价最省？

解： 由题意，$V = a^2 h$，$h = \dfrac{V}{a^2}$，设水箱的造价为 y，底部材料的单位面积价格为 $3t$，侧面材料的单位面积价格为 $2t$，则有

$y = 3a^2t + 8aht = 3a^2t + \dfrac{8aVt}{a^2} = 3a^2t + \dfrac{8Vt}{a}$，$y' = 6at - \dfrac{8Vt}{a^2} = 0$，得 $a = \sqrt[3]{\dfrac{4V}{3}}$，

所以有 $\dfrac{h}{a} = \dfrac{3}{4}$，故当水箱高度 h 与底部正方形边长 a 之比为 $3:4$ 时造价最省。

例 21 求曲线 $y = \dfrac{x+1}{x^2 - 3x - 4}$ 的渐近线。

解：$\lim\limits_{x \to \infty} \dfrac{x+1}{x^2 - 3x - 4} = 0$，故直线 $y = 0$ 为曲线的水平渐近线。

当 $x^2 - 3x - 4 = 0$ 时有，$x = -1$，$x = 4$，

$$\lim\limits_{x \to 4} \dfrac{x+1}{x^2 - 3x - 4} = \lim\limits_{x \to 4} \dfrac{x+1}{(x+1)(x-4)} = \lim\limits_{x \to 4} \dfrac{1}{x-4} = \infty,$$

故直线 $x = 4$ 为曲线的铅直渐近线。

$$\lim\limits_{x \to -1} \dfrac{x+1}{x^2 - 3x - 4} = \lim\limits_{x \to -1} \dfrac{1}{(x-4)} = -\dfrac{1}{5},$$

故直线 $x = -1$ 不是曲线的铅直渐近线。

五、强化练习

A 题

（一）选择题

1. 若 $\dfrac{\mathrm{d}f(x)}{\mathrm{d}x} = x(x+1)$，则 $f(x)$ 在区间 $[0,1]$ 上是（　　）。

A. 单调递减且凸的 　　　　　　　　　B. 单调递增且凸的

C. 单调递减且凹的 　　　　　　　　　D. 单调递增且凹的

2. 设 $f(x)$ 在区间 $[0,1]$ 上有 $f''(x) > 0$，则下列不等式正确的是（　　）。

A. $f'(1) > f(1) - f(0) > f'(0)$ 　　　　B. $f'(1) > f'(0) > f(1) - f(0)$

C. $f(1) - f(0) > f'(1) > f'(0)$ 　　　　D. $f'(1) > f(0) - f(1) > f'(0)$

3. 下列说法正确的是（　　）。

A. 若 x_0 为函数 $f(x)$ 的极值点，则 $f'(x_0) = 0$

B. $f(x)$ 的驻点一定是 $f(x)$ 极值点

C. $f(x)$ 的极大值一定大于 $f(x)$ 的极小值

D. 若 $f(x)$ 在点 x_0 处不可导，则 x_0 可能为 $f(x)$ 的极值点

4. 函数 $y = \dfrac{x}{1+x}$ 的单调递增区间为（　　）。

A. $(-\infty, -1)$，$(-1 + \infty)$ 　　　　B. $(-1, 1)$

C. $(0, 3)$ 　　　　　　　　　　　　　D. $(-2, 0)$

5. 设函数 $f(x)$ 在 (a,b) 内连续，$x_0 \in (a,b)$ 且 $f'(x_0) = f''(x_0) = 0$，则下列说法正确的是（　　）。

　A. $f(x_0)$ 是函数的极大值

B. $f(x_0)$ 是函数的极小值

C. $[x_0, f(x_0)]$ 为函数的拐点

D. $f(x_0)$ 不一定是函数的极值，$(x_0, f(x_0))$ 也不一定是函数的拐点

6. 设函数 $f(x)$ 在点 x_0 处取得极值，则必有（　　　）。

A. $f''(x_0) = 0$　　　　　　　　　　　　B. $f''(x_0) \neq 0$

C. $f'(x_0) = 0$ 且 $f''(x_0) \neq 0$　　　　D. $f'(x_0) = 0$ 或 $f'(x_0)$ 不存在

7. 设函数 $f(x) = ax^3 - (ax)^2 - ax - a$ 在 $x = 1$ 处取得极大值 -2，则 $a = $（　　　）。

A. 1　　　　　　　B. $\dfrac{1}{3}$　　　　　　　C. 0　　　　　　　D. $-\dfrac{1}{3}$

8. 函数 $y = x + \sqrt{1 - x}$ 在区间 $[-5, 1]$ 上的最大值点为（　　　）。

A. $x = -5$　　　　　B. $x = 1$　　　　　C. $x = \dfrac{3}{4}$　　　　　D. $x = \dfrac{5}{8}$

9. 曲线 $y = x^3 + 1$ 在区间 $(0, +\infty)$ 内（　　　）。

A. 单调递增且凸的　　　　　　　　　　B. 单调递增且凹的

C. 单调递减且凸的　　　　　　　　　　D. 单调递减且凹的

10. 曲线 $y = x^4 - 2x^3$ 的拐点为（　　　）。

A. $(0, 0)$　　　　　B. $(0, 1)$　　　　　C. $(1, 0)$　　　　　D. $(0, 0)$ 和 $(1, -1)$

11. 曲线 $y = x + x^{\frac{5}{3}}$ 在区间（　　　）内是凸的。

A. $(-\infty, 0)$　　　　B. $(0, +\infty)$　　　　C. $(-\infty, +\infty)$　　　　D. 以上都不对

12. 下列选项中能够使用洛必达法则的是（　　　）。

A. $\lim\limits_{x \to \infty} \dfrac{x + \sin x}{x}$　　B. $\lim\limits_{x \to 0} \dfrac{\cos x}{x}$　　C. $\lim\limits_{x \to +\infty} \dfrac{x}{e^x}$　　D. $\lim\limits_{x \to \infty} \dfrac{\sqrt{1 + x^2}}{x}$

13. 设函数 $f(x)$ 的导数在 $x = a$ 处连续，又 $\lim\limits_{x \to a} \dfrac{f'(x)}{x - a} = -1$，则（　　　）。

A. $x = a$ 是 $f(x)$ 的极小值点　　　　B. $x = a$ 是 $f(x)$ 的极大值点

C. $(a, f(a))$ 是 $f(x)$ 的拐点　　　　D. $x = a$ 不是 $f(x)$ 的极小值点

14. 设函数 $f(x)$ 在 $[a, b]$ 上连续，在 (a, b) 内可导，区间 $[x_1, x_2] \subset [a, b]$，则下列结论不一定成立的是（　　　）。

A. $f(b) - f(a) = f'(\xi)(b - a)$，$\xi \in (a, b)$

B. $f(x_2) - f(x_1) = f'(\xi)(x_2 - x_1)$，$\xi \in (a, b)$

C. $f(b) - f(a) = f'(\xi)(b - a)$，$\xi \in (x_1, x_2)$

D. $f(x_2) - f(x_1) = f'(\xi)(x_2 - x_1)$，$\xi \in (x_1, x_2)$

15. 若函数 $f(x)$ 在 $x = a$ 处具有二阶导数，则 $\lim\limits_{h \to 0} \dfrac{\dfrac{f(a + h) - f(a)}{h} - f'(a)}{h} = $（　　　）。

A. $f''(a)$　　　　　B. $\dfrac{f''(a)}{2}$　　　　　C. $2f''(a)$　　　　　D. $-f''(a)$

16. 函数 $y = \dfrac{1}{2}(e^x - e^{-x})$ 在区间 $(-1, 1)$ 内（　　　）。

A. 单调增加　　　　B. 单调减少　　　　C. 不增不减　　　　D. 有增有减

17. 函数 $y = \ln(1 + x^2)$ 的驻点为(　　)。

A. $x = 1$ 　　　　B. $x = 0$ 　　　　C. $x = -1$ 　　　　D. $x = 2$

18. 函数 $y = (x - 2)^{\frac{2}{3}}$ 的单调递增区间为(　　)。

A. $(-\infty, -2)$ 　　　B. $(-\infty, 2)$ 　　　C. $[2, +\infty)$ 　　　D. $(2, +\infty)$

19. 函数 $y = e^x + \arctan x$ 在区间 $[-1, 1]$ 上(　　)。

A. 单调递减　　　　B. 单调递增　　　　C. 无最大值　　　　D. 无最小值

20. 函数 $y = xe^{-x}$ 的单调递减区间为(　　)。

A. $(1, +\infty)$ 　　　B. $(-\infty, 1)$ 　　　C. $(-1, +\infty)$ 　　　D. $(-\infty, -1)$

21. 函数 $y = x^3 - 3x$ 的极小值为(　　)。

A. -2 　　　　B. 0 　　　　C. 2 　　　　D. -3

22. 若 $f'(x_0) = 0, f''(x_0) < 0$，则函数 $y = f(x)$ 在点 $x = x_0$ 处(　　)。

A. 一定有极大值　　　　　　B. 一定有极小值

C. 没有极值　　　　　　　　D. 不一定有极值

23. 函数 $f'(x_0) = 0$ 是函数 $y = f(x)$ 在点 $x = x_0$ 处取得极值的(　　)。

A. 必要条件　　　　　　　　B. 充分条件

C. 充要条件　　　　　　　　D. 既非充分也非必要条件

24. 函数 $f(x) = x^3 - 3x^2 + 2$ 在区间 $[-1, 1]$ 上的最大值是(　　)。

A. -2 　　　　B. 0 　　　　C. 2 　　　　D. 4

25. 下列关于曲线 $y = \dfrac{x^3}{x - 3}$ 的渐近线正确的是(　　)。

A. $y = 0$ 　　　　　　　　B. $x = 3$

C. 有水平渐近线和铅直渐近线　　　D. 没有渐近线

26. 方程 $x^5 + x - 1 = 0$ 至少有一个根在区间(　　)。

A. $(-1, 0)$ 　　　B. $(-2, -1)$ 　　　C. $(1, 2)$ 　　　D. $(0, 1)$

(二) 填空题

1. 曲线 $y = 2 + 5x - 3x^3$ 的拐点为＿＿＿＿＿＿＿＿＿＿＿。

2. 函数 $y = x^2 + px + q$ 在 $x = 4$ 处取得极值，则 $p = $ ＿＿＿＿＿＿＿＿＿＿。

3. 若点 $(1, 3)$ 是曲线 $y = ax^3 + bx^2$ 的拐点，则 $a = $ ＿＿＿＿，$b = $ ＿＿＿＿＿＿。

4. 函数 $y = \ln\sqrt{2x - 1}$ 的单调递增区间为＿＿＿＿＿＿＿＿＿＿＿。

5. 函数 $y = \sqrt{2x + 1}$ 在 $[0, 4]$ 上的最大值为＿＿＿＿＿＿，最小值为＿＿＿＿＿。

6. $\lim\limits_{x \to +\infty} \dfrac{\sqrt{x^2 - 1}}{x} = $ ＿＿＿＿＿＿。

7. 设常数 $k > 0$，函数 $f(x) = \ln x - \dfrac{x}{e} + k$ 在 $(0, +\infty)$ 内零点的个数为＿＿＿＿＿＿。

(三) 判断题

1. 函数 $y = \sqrt[3]{x}$ 在区间 $[-1, 1]$ 上满足罗尔定理。(　　)

2. 若 x_0 是可导函数 $f(x)$ 的驻点，则 $f(x_0)$ 可能是极值也可能不是极值。（　　　）

3. 设 $f(x)$ 在开区间 (a, b) 上有 $f'(x) > 0, f''(x) < 0$，则 $f(x)$ 在 $[a, b]$ 上单调增加且是凸的。（　　　）

4. 当 $x \to \infty$ 时，$\lim\limits_{x \to \infty} \dfrac{(x + \cos x)'}{x'} = \lim\limits_{x \to \infty} 1 - \sin x$ 的极限不存在，故计算 $\lim\limits_{x \to \infty} \dfrac{x + \cos x}{x}$ 时不能使用洛必达法则。（　　　）

5. 曲线 $y = e^{\frac{1}{x}}$ 有水平渐近线 $y = 1$。（　　　）

6. $\lim\limits_{x \to 2} \dfrac{x^3 - 2x - 4}{(x - 2)^2} = \lim\limits_{x \to 2} \dfrac{3x^2 - 2}{2(x - 2)} = \lim\limits_{x \to 2} \dfrac{6x}{2} = 6$。（　　　）

7. 设 x_1, x_2 分别是函数 $f(x)$ 的极大值点和极小值点，则必有 $f(x_1) > f(x_2)$。（　　　）

8. 若函数 $f(x)$ 在 x_0 处取得极值，则曲线 $y = f(x)$ 在点 $(x_0, f(x_0))$ 处有平行于 x 轴的切线。（　　　）

（四）计算题

1. 求 $\lim\limits_{x \to 0} \dfrac{\ln(1 + \sin^2 2x)}{\ln(1 + x^2)}$。

2. 求 $\lim\limits_{x \to 0} \left(\dfrac{1}{x^2} - \cot^2 x \right)$。

3. 求 $\lim\limits_{x \to \frac{\pi}{2}} \dfrac{\ln \sin x}{(\pi - 2x)^2}$。

4. 求 $\lim\limits_{x \to 0} (x + e^x)^{\frac{1}{x}}$。

5. 求函数 $y = (x - 1)^2 (x + 1)^{\frac{2}{3}}$ 的单调区间与极值，并求函数在区间 $[-1, 3]$ 上的最大值与最小值。

6. 确定常数 a、b、c、d，使函数 $y = ax^3 + bx^2 + cx + d$ 在 $x = 0$ 处有极大值 2，在 $x = 1$ 处有极小值 1。

7. 描绘函数 $y = \dfrac{1}{x^2 - 2x - 3}$ 的图形。

（五）证明题

1. 当 $x < 1$ 时，$e^x \leqslant \dfrac{1}{1 - x}$。

2. 证明：方程 $x^5 + 3x^3 + x - 3 = 0$ 只有一个正根。

B 题

（一）选择题

1. 设函数 $y = f(x)$ 二阶可导，若 $f'(x_0) = f''(x_0) + 1 = 0$，则点 x_0（　　　）。

A. 是极大值点　　　B. 是极小值点　　　C. 不是极值点　　　D. 不是驻点

2. 若 $\lim\limits_{x \to 0} \dfrac{a\tan x + b(1 - \cos x)}{c\ln(1 - 2x)} = 1$，其中 $c \neq 0$，则下列结论正确的是（　　）。

A. $b = 2c$　　　　　B. $b = -2c$　　　　　C. $a = 2c$　　　　　D. $q = -2c$

3. 设函数 $y = f(x)$ 对任意 x 满足 $f''(x) + x[f'(x)]^2 = 1 + e^x$，若 $f'(x_0) = 0$，则以下结论正确的是（　　）。

A. $f(x_0)$ 是 $f(x)$ 的极大值

B. $f(x_0)$ 是 $f(x)$ 的极小值

C. $(x_0, f(x_0))$ 是曲线 $y = f(x)$ 的拐点

D. $f(x_0)$ 不是 $f(x)$ 的极值，$(x_0, f(x_0))$ 也不是曲线 $y = f(x)$ 的拐点

4. M，m 分别是 $f(x)$ 在区间 $[a, b]$ 上的最大值和最小值，若 $M = m$，则 $f'(x) = $（　　）。

A. 0　　　　　　　B. 1　　　　　　　C. M　　　　　　　D. m

5. 下列函数中在 $x = 1$ 处连续但导数不存在的是（　　）。

A. $y = x$　　　　　B. $y = \sqrt[3]{x - 1}$　　　　　C. $y = \arctan x$　　　　　D. $y = \ln x - 1$

6. 下列极限不能使用洛必达法则计算的是（　　）。

A. $\lim\limits_{x \to 0} \dfrac{\sin x}{x}$　　　B. $\lim\limits_{x \to \infty} \dfrac{x + \cos x}{x}$　　　C. $\lim\limits_{x \to \frac{\pi}{2}} \dfrac{\tan x}{\tan 3x}$　　　D. $\lim\limits_{x \to 2} \dfrac{x^2 - 4}{x - 2}$

（二）填空题

1. 若函数 $f(x)$ 在 $x = x_0$ 处的导数 $f'(x_0) = \infty$，则曲线 $y = f(x)$ 在点 $(x_0, f(x_0))$ 处的切线方程为 _____。

2. 函数 $f(x) = x^3$ 在 $[1, 2]$ 上满足拉格朗日中值定理的条件，则使结论成立的 $\xi = $ _____。

3. 曲线 $y = e^{-(x-1)}$ 的水平渐近线为 _____（$y = 0$）。

4. 曲线 $y = \arctan x$ 的凹区间为 _____。

5. 当 $x \to 0$ 时，$(1 + ax^2)^{\frac{1}{2}} - 1$ 与 $1 - \cos x$ 为等价无穷小，则 $a = $ _____。

（三）计算题

1. $\lim\limits_{x \to 0} \dfrac{2\sin x - \tan 2x}{x^3}$。

2. $\lim\limits_{x \to +\infty} (ax^3 + bx^2 + cx + d)e^{-x}$。

3. $\lim\limits_{x \to 0} \dfrac{e^x \sin x - x(1 + x)}{x^3}$。

4. $\lim\limits_{x \to 0} \dfrac{x^2 \sin \dfrac{1}{x}}{5x + 3\sin x}$。

5. 求函数 $y = \arctan \dfrac{1 - x}{1 + x}$ 的凹凸区间与拐点。

6. 试确定常数 k（$k \neq 0$），使曲线 $y = k(x^2 - 3)^2$ 在拐点处的法线通过原点。

（四）证明题

1. 证明：当 $x > 0$ 时，$\ln(x + \sqrt{1 + x^2}) > \dfrac{x}{\sqrt{1 + x^2}}$。

2. 证明：当 $x > 0$ 时，$x < e^x - 1 < xe^x$。

第六章　不定积分

一、目的要求

（1）理解原函数和不定积分的概念；

（2）掌握不定积分的性质及基本积分公式；

（3）掌握计算不定积分的积分方法；

（4）掌握简单有理函数的积分方法。

二、内容结构

概念 { 原函数的概念 / 原函数存在定理 / 不定积分的概念 }

不定积分的性质

基本积分公式

积分法 { 直接积分法 / 换元积分法 { 第一类换元积分法 / 第二类换元积分法 } / 分部积分法 }

三、知识梳理

（一）原函数与不定积分的概念

1. 原函数的定义

设函数 $F(x)$ 与 $f(x)$ 在区间 I 上有定义，且有 $F'(x)=f(x)$ 或 $\mathrm{d}F(x)=f(x)\mathrm{d}x$，则称 $F(x)$ 为 $f(x)$ 在区间 I 上的一个原函数。

2. 原函数存在定理

若函数 $f(x)$ 在区间 I 上连续，则在区间 I 上存在可导函数 $F(x)$，使得对任一 $x \in I$ 有 $F'(x)=f(x)$，简单地说就是连续函数一定存在原函数。

3. 不定积分的定义

函数 $f(x)$ 在区间 I 上的全体原函数称为 $f(x)$ 在区间 I 上的不定积分，记作 $\int f(x)\mathrm{d}x$。若 $F'(x)=f(x)$，则 $\int f(x)\mathrm{d}x=F(x)+c$，其中 C 为任意的常数。

4. 不定积分的几何意义

$y=F(x)$ 表示函数 $f(x)$ 的一条积分曲线，则 $\int f(x)\mathrm{d}x$ 表示函数 $f(x)$ 的积分曲线族。

（二）不定积分的性质

1. $\int [f(x)\pm g(x)]\mathrm{d}x = \int f(x)\mathrm{d}x \pm \int g(x)\mathrm{d}x$。

2. $\int kf(x)\mathrm{d}x = k\int f(x)\mathrm{d}x$。

3. $\left[\int f(x)\mathrm{d}x\right]' = f(x)$；$\quad\quad\quad\quad$ $\mathrm{d}\left(\int f(x)\mathrm{d}x\right) = f(x)\mathrm{d}x$；

$\int F'(x)\mathrm{d}x = F(x)+c$；$\quad\quad\quad\quad$ $\int \mathrm{d}F(x) = F(x)+c$。

（三）积分

（1）$\int k\mathrm{d}x = kx+c$（k 为常数）；

（2）$\int x^{\mu}\mathrm{d}x = \dfrac{x^{\mu+1}}{\mu+1}+c$（$\mu\neq -1$）；

（3）$\int \dfrac{\mathrm{d}x}{x} = \ln|x|+c$；

（4）$\int a^{x}\mathrm{d}x = \dfrac{a^{x}}{\ln a}+c$；

（5）$\int e^{x}\mathrm{d}x = e^{x}+c$；

（6）$\int \sin x\mathrm{d}x = -\cos x+c$；

（7）$\int \cos x\mathrm{d}x = \sin x+c$；

（8）$\int \tan x\mathrm{d}x = -\ln|\cos x|+c$；

（9）$\int \cot x\mathrm{d}x = \ln|\sin x|+c$；

（10）$\int \sec x\mathrm{d}x = \ln|\sec x+\tan x|+c$；

（11）$\int \csc x\mathrm{d}x = \ln|\csc x-\cot x|+c$；

（12）$\int \sec^{2}x\mathrm{d}x = \tan x+c$；

（13）$\int \csc^{2}x\mathrm{d}x = -\cot x+c$；

（14）$\int \sec x\cdot\tan x\mathrm{d}x = \sec x+c$；

（15）$\int \csc x\cdot\cot x\mathrm{d}x = -\csc x+c$；

（16）$\int \dfrac{\mathrm{d}x}{a^{2}+x^{2}} = \dfrac{1}{a}\arctan\dfrac{x}{a}+c$；

（17）$\int \dfrac{\mathrm{d}x}{1+x^{2}} = \arctan x+c$；

（18）$\int \dfrac{\mathrm{d}x}{a^{2}-x^{2}} = \dfrac{1}{2a}\ln\left|\dfrac{a+x}{a-x}\right|+c$；

（19）$\int \dfrac{\mathrm{d}x}{x^{2}-a^{2}} = \dfrac{1}{2a}\ln\left|\dfrac{x-a}{x+a}\right|+c$；

（20）$\int \dfrac{\mathrm{d}x}{\sqrt{x^{2}+a^{2}}} = \ln(x+\sqrt{x^{2}+a^{2}})+c$；

（21）$\int \dfrac{\mathrm{d}x}{\sqrt{x^{2}-a^{2}}} = \ln|x+\sqrt{x^{2}-a^{2}}|+c$；

（22）$\int \dfrac{\mathrm{d}x}{\sqrt{a^{2}-x^{2}}} = \arcsin\dfrac{x}{a}+c$；

（23）$\int \dfrac{\mathrm{d}x}{\sqrt{1-x^{2}}} = \arcsin x+c$。

（四）积分方法

1. 直接积分法

利用基本积分公式和性质计算不定积分的方法称为直接积分法。用直接积分法辅之以代数、三角恒等变形可以求出某些简单函数的积分。

例如：$\int \sin^2 \frac{x}{2} dx = \int \frac{1-\cos x}{2} dx = \int \frac{1}{2} dx - \int \frac{\cos x}{2} dx = \frac{1}{2} x - \frac{1}{2} \sin x + c$。

2. 换元积分法

利用基本积分公式和性质计算出来的积分是非常有限的，因此还需要寻求其他方法计算函数的积分。把复合函数的微分方法反过来用于不定积分，利用中间变量的替换，得到复合函数的积分方法，称为换元积分法。换元积分法一般分为两类，第一类换元积分法与第二类换元积分法。

（1）第一类换元积分法：

设 $f(u)$ 有原函数 $F(u)$，$u = \varphi(x)$ 可导，则有换元积分法的公式

$$\int f[\varphi(x)] \varphi'(x) dx = \int f[\varphi(x)] d\varphi(x) = \left[\int f(u) du \right]_{u=\varphi(x)} = F[\varphi(x)] + c$$

注：使用第一类换元积分法的关键是将 $\varphi'(x) dx = d\varphi(x)$，实际上就是凑微分的过程，因此第一类换元积分法也称为凑微分法。

几种常见的凑微分类型

① $\int f(ax+b) dx = \frac{1}{a} \int f(ax+b) d(ax+b)$；

② $\int x^m f(ax^{m+1}+b) dx = \frac{1}{a(m+1)} \int f(ax^{m+1}+b) d(ax^{m+1}+b)$；

③ $\int e^x \cdot f(e^x) dx = \int f(e^x) de^x$；

④ $\int \frac{1}{x} f(\ln x) dx = \int f(\ln x) d(\ln x)$；

⑤ $\int \cos x \cdot f(\sin x) dx = \int f(\sin x) d(\sin x)$；

⑥ $\int \sin x \cdot f(\cos x) dx = \int f(\cos x) d(-\cos x)$；

⑦ $\int \sec^2 x \cdot f(\tan x) dx = \int f(\tan x) d(\tan x)$；

⑧ $\int \csc^2 x \cdot f(\cot x) dx = \int f(\cot x) d(-\cot x)$；

⑨ $\int \frac{1}{\sqrt{x}} \cdot f(\sqrt{x}) dx = \int f(\sqrt{x}) d(2\sqrt{x})$；

⑩ $\int \frac{1}{\sqrt{1-x^2}} \cdot f(\arcsin x) dx = \int f(\arcsin x) d(\arcsin x)$；

⑪ $\int \frac{1}{1+x^2} \cdot f(\arctan x) dx = \int f(\arctan x) d(\arctan x)$；

⑫ $\int \frac{f'(x)}{f(x)} dx = \int \frac{1}{f(x)} df(x) = \ln |f(x)| + c$。

（2）第二类换元积分法：

第一类换元积分法能解决一部分不定积分的计算，其关键是根据具体被积函数进行适当

的凑微分后，依托某个基本积分公式。但是，有些积分是不容易凑微分的，必须先进行换元，即先作适当的变量替换来改变被积函数表达式的结构，使之化为基本积分公式的某种形式，这就是第二类换元积分法。

设函数 $x=\varphi(t)$ 在区间 I 上单调可导，且 $\varphi'(t)\neq0$，又设 $f[\varphi(t)]\varphi'(t)$ 在区间 I 上有原函数，则有换元公式：$\int f(x)\mathrm{d}x=\left[\int f[\varphi(t)]\mathrm{d}\varphi(t)\right]=\left[\int f[\varphi(t)]\cdot\varphi'(t)\mathrm{d}t\right]\bigg|_{t=\varphi^{-1}(x)}$。其中 $t=\varphi^{-1}(x)$ 是 $x=\varphi(t)$ 的反函数。

注：第二类换元积分法的关键是选择合适的换元 $x=\varphi(t)$，但这个换元关系往往不是很明显，通常由 $x=\varphi(t)$ 的反函数 $t=\varphi^{-1}(x)$ 求得，常用的换元形式有根式代换，三角代换和倒代换。

① 若被积函数中含有 $\sqrt[n]{ax+b}$ 时，可作代换 $t=\sqrt[n]{ax+b}$；

② 若被积函数中含有二次根式 $\sqrt{a^2-x^2}$ 时，可作代换 $x=a\sin t$；

③ 若被积函数中含有二次根式 $\sqrt{a^2+x^2}$ 时，可作代换 $x=a\tan t$；

④ 若被积函数中含有二次根式 $\sqrt{x^2-a^2}$ 时，可作代换 $x=a\sec t$；

⑤ 若被积函数的分母相对复杂时，有时可作代换 $x=\dfrac{1}{t}$。

3. 分部积分法

分部积分法是基本积分方法之一，它是由两个函数乘积的微分法则推得的一种求积分的基本方法，它主要是解决某些被积函数是两类不同函数类型的不定积分。如 $\int x^n a^x\mathrm{d}x$，$\int x^n\sin\beta x\mathrm{d}x$，$\int x^n\arctan x\mathrm{d}x$，$\int e^x\cos\beta x\mathrm{d}x$ 等。

设函数 $u=u(x)$，$v=v(x)$ 具有连续的导数，得分部积分法的公式 $\int u\mathrm{d}v=uv-\int v\mathrm{d}u$。

运用分部积分法的关键在于选取 u 和 $\mathrm{d}v$，一般遵循如下的原则：

（1）v 要容易求得；（2）新积分 $\int v\mathrm{d}u$ 要比 $\int u\mathrm{d}v$ 容易积出。

4. 有理函数积分

形如 $\int\dfrac{P_n(x)}{Q_m(x)}\mathrm{d}x$ 的积分形式称为有理函数积分，其中 $P_n(x)$，$Q_m(x)$ 分别是关于 x 的 n 次、m 次多项式。

（1）当 $m>n$ 时，$\dfrac{P_n(x)}{Q_m(x)}$ 为真分式时，若 $Q_m(x)$ 能够因式分解，将 $\dfrac{P_n(x)}{Q_m(x)}$ 分解成最简分式后再进行积分；若 $Q_m(x)$ 不能因式分解可采用直接积分法或第一类、第二类换元积分法计算。

（2）当 $m\leqslant n$ 时，$\dfrac{P_n(x)}{Q_m(x)}$ 为假分式时，先将其拆分成多项式和真分式之和，然后再分别进行积分运算。

四、精选例题

(一) 直接积分法

例 1 设 $f(x)$ 的一个原函数为 $\sin x$，求 (1) $f'(x)$；(2) $\int f(x)\mathrm{d}x$。

解：$(\sin x)'=f(x)$

(1) $f'(x)=(\sin x)''=(\cos x)'=-\sin x$；

(2) $\int f(x)\mathrm{d}x=\sin x+c$。

例 2 求不定积分 $\int\left(x^2+\sin x-\dfrac{1}{x}\right)\mathrm{d}x$。

解：原式 $=\int x^2\mathrm{d}x+\int\sin x\mathrm{d}x-\int\dfrac{1}{x}\mathrm{d}x=\dfrac{1}{3}x^3-\cos x-\ln|x|+c$。

例 3 求积分 $\int\dfrac{(\sqrt{x}+1)^2}{x}\mathrm{d}x$。

解：原式 $=\int\dfrac{x+2\sqrt{x}+1}{x}\mathrm{d}x=\int 1\mathrm{d}x+2\int x^{-\frac{1}{2}}\mathrm{d}x+\int\dfrac{1}{x}\mathrm{d}x=x+4\sqrt{x}+\ln|x|+c$。

例 4 求积分 $\int\sqrt{x^2}\,\mathrm{d}x$。

解：$\sqrt{x^2}=|x|=\begin{cases}-x,& x<0\\ x,& x\geqslant0\end{cases}$，故 $F(x)=\int\sqrt{x^2}\,\mathrm{d}x=\begin{cases}-\dfrac{1}{2}x^2+c_1,& x<0\\ \dfrac{1}{2}x^2+c_2,& x\geqslant0\end{cases}$，

又因为

$$F(0^-)=\lim_{x\to0^-}F(x)=\lim_{x\to0^-}\left(-\dfrac{1}{2}x^2+c_1\right)=c_1,$$

$F(0^+)=\lim_{x\to0^+}F(x)=\lim_{x\to0^+}\left(\dfrac{1}{2}x^2+c_2\right)=c_2$，因为原函数在 $(-\infty,\ +\infty)$ 内连续，所以有

$F(0^-)=F(0^+)$，得 $c_1=c_2=c$. 故 $F(x)=\int\sqrt{x^2}\,\mathrm{d}x=\dfrac{1}{2}x|x|+c$。

例 5 求积分 $\int\sin\dfrac{x}{2}\left(\sin\dfrac{x}{2}+\cos\dfrac{x}{2}\right)\mathrm{d}x$。

分析：用三角恒等变形(常用和、差、倍角、半角、同角三角关系、和差化积和积化和差)，再进行积分。

解：原式 $=\int\left(\sin^2\dfrac{x}{2}+\sin\dfrac{x}{2}\cos\dfrac{x}{2}\right)\mathrm{d}x=\int\left(\dfrac{1-\cos x}{2}+\dfrac{1}{2}\sin x\right)\mathrm{d}x$

$\qquad=\dfrac{1}{2}\int\mathrm{d}x-\dfrac{1}{2}\int\cos x\mathrm{d}x+\dfrac{1}{2}\int\sin x\mathrm{d}x=\dfrac{1}{2}(x-\sin x-\cos x)+c$。

例 6 求积分 $\int\dfrac{1}{\sin^2 x+\cos^2 x}\mathrm{d}x$。

解：原式 $=\int\dfrac{\sin^2x+\cos^2x}{\sin^2x+\cos^2x}\mathrm{d}x=\int\left(\dfrac{1}{\cos^2x}+\dfrac{1}{\sin^2x}\right)\mathrm{d}x$

$=\int\sec^2x\mathrm{d}x+\int\csc^2x\mathrm{d}x=\tan x-\cot x+c$。

例 7　求积分 $\int\dfrac{1}{1+\cos2x}\mathrm{d}x$。

解：原式 $=\int\dfrac{1}{2\cos^2x}\mathrm{d}x=\dfrac{1}{2}\int\sec^2x\mathrm{d}x=\dfrac{1}{2}\tan x+c$。

例 8　$\int 3^{2x}e^x\mathrm{d}x$。

解：原式 $=\int(3^2e)^x\mathrm{d}x=\int(9e)^x\mathrm{d}x=\dfrac{(9e)^x}{1+\ln9}+c=\dfrac{(9e)^x}{1+2\ln3}+c$。

例 9　计算积分 $\int\dfrac{x^4}{x^2+1}\mathrm{d}x$。

分析：先将被积函数作适当的代数恒等变型，化为基本积分公式中的类型，然后再直接进行积分。

解：原式 $=\int\dfrac{x^4-1+1}{x^2+1}\mathrm{d}x=\int\dfrac{(x^2+1)(x^2-1)}{x^2+1}\mathrm{d}x+\int\dfrac{1}{x^2+1}\mathrm{d}x$

$=\int(x^2-1)\mathrm{d}x+\arctan x=\dfrac{1}{3}x^3-x+\arctan x+c$。

例 10　计算积分 $\int\dfrac{(1+2x^2)^2}{x^2(1+x^2)}\mathrm{d}x$。

解：原式 $=\int\dfrac{1+4x^2+4x^4}{x^2(1+x^2)}\mathrm{d}x=\int\dfrac{1+4x^2(1+x^2)}{x^2(1+x^2)}\mathrm{d}x$

$=\int\left[4+\dfrac{1}{x^2(1+x^2)}\right]\mathrm{d}x=4\int\mathrm{d}x+\int\left(\dfrac{1}{x^2}-\dfrac{1}{1+x^2}\right)\mathrm{d}x$

$=4x-\dfrac{1}{x}-\arctan x+c$。

例 11　已知平面曲线 $y=F(x)$ 上任一点 $M(x,y)$ 处的切线的斜率为 $k=4x^3-1$，且曲线经过点 $P(1,3)$，求该曲线方程。

解：$F(x)=\int k\mathrm{d}x=\int(4x^3-1)\mathrm{d}x=x^4-x+c$，又曲线过点 $P(1,3)$，故 $F(1)=3$，所以有 $c=3$，故曲线方程为 $F(x)=x^4-x+3$。

（二）第一类换元积分法

例 12　求积分 $\int(2x+3)^4\mathrm{d}x$。

解：原式 $=\dfrac{1}{2}\int(2x+4)^4\mathrm{d}(2x+4)=\dfrac{1}{2}\cdot\dfrac{1}{5}(2x+4)^5+c=\dfrac{1}{10}(2x+4)^5+c$。

例 13　计算 $\int\dfrac{\ln x}{x}\mathrm{d}x$

解：原式 $= \int \ln x \mathrm{d}(\ln x) = \dfrac{1}{2}(\ln x)^2 + c$。

例 14　求不定积分 $\displaystyle\int e^x \sqrt{2+e^x}\,\mathrm{d}x$。

解：原式 $= \displaystyle\int (2+e^x)^{\frac{1}{2}}\mathrm{d}(2+e^x) = \dfrac{2}{3}(2+e^x)^{\frac{3}{2}} + c$。

例 15　求不定积分 $\displaystyle\int \dfrac{\cos\sqrt{x}}{\sqrt{x}}\mathrm{d}x$。

分析：$\dfrac{1}{\sqrt{x}}\mathrm{d}x = \mathrm{d}2\sqrt{x}$。

解：原式 $= \displaystyle\int \cos\sqrt{x}\,\mathrm{d}(2\sqrt{x}) = 2\sin\sqrt{x} + c$。

例 16　计算不定积分 $\displaystyle\int \dfrac{\mathrm{d}x}{\sqrt{x}(1+x)}$。

解：原式 $= 2\displaystyle\int \dfrac{\mathrm{d}\sqrt{x}}{1+(\sqrt{x})^2} = 2\arctan\sqrt{x} + c$。

例 17　求积分 $\displaystyle\int \tan x \mathrm{d}x$。

解：原式 $= \displaystyle\int \dfrac{\sin x}{\cos x}\mathrm{d}x = \displaystyle\int \dfrac{1}{\cos x}\mathrm{d}(-\cos x) = -\ln|\cos x| + c$。

例 18　求积分 $\displaystyle\int \sin 2x \mathrm{d}x$。

解：法一，$\displaystyle\int \sin 2x \mathrm{d}x = \dfrac{1}{2}\displaystyle\int \sin 2x \mathrm{d}(2x) = -\dfrac{1}{2}\cos 2x + c$；

法二，$\displaystyle\int \sin 2x \mathrm{d}x = 2\displaystyle\int \sin x \cos x \mathrm{d}x = 2\displaystyle\int \sin x \mathrm{d}(\sin x) = \sin^2 x + c$；

法三，$\displaystyle\int \sin 2x \mathrm{d}x = 2\displaystyle\int \sin x \cos x \mathrm{d}x = -2\displaystyle\int \cos x \mathrm{d}(\cos x) = -\cos^2 x + c$。

法一、法二、法三虽然表达形式不同，但经过简单变形：$-\dfrac{1}{2}\cos 2x = -\dfrac{1}{2}(1-2\sin^2 x) =$

$\sin^2 x - \dfrac{1}{2} = -\dfrac{1}{2}(\cos^2 x - 1) = -\dfrac{1}{2}\cos^2 x + \dfrac{1}{2}$，可见这三种原函数仅相差常数 c。

例 19　计算积分 $\displaystyle\int \cos^3 x \sin^2 x \mathrm{d}x$。

分析：被积函数为正弦、余弦的偶次方时用倍角公式降幂后再凑微分，被积函数含正弦、余弦的奇次方时把奇次方降幂后再凑微分。

解：原式 $= \displaystyle\int \cos^2 x \cdot \sin^2 x \cdot \cos x \mathrm{d}x = \displaystyle\int (1-\sin^2 x)\sin^2 x \mathrm{d}(\sin x)$

$\quad\quad = \displaystyle\int \sin^2 x \mathrm{d}(\sin x)\mathrm{d}x - \displaystyle\int \sin^4 x \mathrm{d}(\sin x) = \dfrac{1}{3}\sin^3 x - \dfrac{1}{5}\sin^5 x + c$。

例 20　求积分 $\displaystyle\int \sin 5x \cdot \cos 2x \mathrm{d}x$。

解：原式 $= \frac{1}{2} \int (\sin 7x + \sin 3x) \, dx = \frac{1}{2} \cdot \frac{1}{7} \int \sin 7x \, d(7x) + \frac{1}{2} \cdot \frac{1}{3} \int \sin 3x \, d(3x)$

$$= -\frac{1}{14} \cos 7x - \frac{1}{6} \cos 3x + c。$$

例 21 求积分 $\int \frac{1}{\sqrt{x - x^2}} \, dx$。

解：原式 $= \int \frac{1}{\sqrt{\frac{1}{4} - \left(x - \frac{1}{2}\right)^2}} \, dx = \int \frac{d\left(x - \frac{1}{2}\right)}{\sqrt{\frac{1}{4} - \left(x - \frac{1}{2}\right)^2}}$

$$= \arcsin \frac{x - \frac{1}{2}}{\frac{1}{2}} + c = \arcsin(2x - 1) + c。$$

例 22 求积分 $\int \frac{(x+1)}{x(1 + xe^x)} \, dx$。

解：原式 $= \int \frac{e^x (x+1)}{xe^x (1 + xe^x)} \, dx$，设 $t = xe^x$，$dt = (e^x + xe^x) \, dx = e^x (1+x) \, dx$，所以有

$$\int \frac{e^x (x+1)}{xe^x (1 + xe^x)} \, dx = \int \frac{1}{t(1+t)} \, dt = \int \left(\frac{1}{t} - \frac{1}{t+1}\right) dt = \ln|t| - \ln|t+1| + c$$

$$= \ln|xe^x| - \ln|1 + xe^x| + c = \ln\left|\frac{xe^x}{1 + xe^x}\right| + c。$$

（三）第二类换元积分法

例 23 计算不定积分 $\int \frac{1}{1 + \sqrt{x-1}} \, dx$。

解：令 $t = \sqrt{x-1}$，$x = t^2 + 1$，$dx = 2t \, dt$，

$$原式 = \int \frac{2t \, dt}{1+t} = 2 \int \left(1 - \frac{1}{1+t}\right) dt = 2 \left[t - \ln|1+t|\right] + c$$

$$= 2 \left[\sqrt{x-1} - \ln(1 + \sqrt{x-1})\right] + c。$$

例 24 求积分 $\int \frac{1}{x} \sqrt{\frac{1+x}{1-x}} \, dx$。

解：令 $t = \sqrt{\frac{1+x}{1-x}}$，$x = \frac{t^2 - 1}{t^2 + 1}$，$dx = \frac{4t}{(t^2 + 1)^2} \, dt$。

$$原式 = \int \frac{t^2 + 1}{t^2 - 1} \cdot t \cdot \frac{4t}{(t^2 + 1)^2} \, dt = 4 \int \frac{t^2}{(t^2 + 1)(t^2 - 1)} \, dt$$

$$= 4 \int \frac{(t^2 - 1) + 1}{(t^2 - 1)(t^2 + 1)} \, dt = 4 \int \frac{1}{t^2 + 1} \, dt + 2 \int \left[\frac{1}{t^2 - 1} - \frac{1}{t^2 + 1}\right] dt$$

$$= 2 \int \frac{1}{t^2 + 1} \, dt + \int \left[\frac{1}{t-1} - \frac{1}{t+1}\right] dt$$

$$= 2\arctan t + \ln|t-1| - \ln|t+1| + c$$

$$= 2\arctan\sqrt{\frac{1+x}{1-x}} + \ln\left|\frac{\sqrt{1+x}-\sqrt{1-x}}{\sqrt{1+x}+\sqrt{1-x}}\right| + c。$$

例 25 计算不定积分 $\int x^2(2-x)^{10}\mathrm{d}x$。

解：令 $t=2-x$，$x=2-t$，$\mathrm{d}x=-\mathrm{d}t$，

$$原式 = \int(2-t)^2 t^{10}(-\mathrm{d}t) = -\int(4-4t+t^2)t^{10}\mathrm{d}t = -\int(4t^{10}-4t^{11}+t^{12})\mathrm{d}t$$

$$= -\frac{4}{11}t^{11} + \frac{1}{3}t^{12} - \frac{1}{13}t^{13} + c = -\frac{4}{11}(2-x)^{11} + \frac{1}{3}(2-x)^{12} - \frac{1}{13}(2-x)^{13} + c。$$

例 26 求不定积分 $\int\dfrac{\mathrm{d}x}{(x^2+a^2)^{\frac{3}{2}}}(a>0)$。

分析：被积函数中含有 $\sqrt{x^2+a^2}$，因此可利用三角换元法，令 $x=a\tan t$。

解：令 $x=a\tan t$，$\mathrm{d}x=a\sec^2 t\mathrm{d}t$，$(x^2+a^2)^{\frac{3}{2}}=(a^2\sec^2 t)^{\frac{3}{2}}=a^3\sec^3 t$

$$原式 = \int\frac{a\sec^2 t\mathrm{d}t}{a^3\sec^3 t} = \frac{1}{a^2}\int\cos t\mathrm{d}t = \frac{1}{a^2}\sin t + c。$$

此时，利用辅助三角形方便代换，$\tan t=\dfrac{x}{a}$，则 $\sin t=\dfrac{x}{\sqrt{x^2+a^2}}$，所以

$$原式 = \frac{x}{a^2\sqrt{x^2+a^2}} + c。$$

例 27 计算不定积分 $\int\dfrac{1}{x\sqrt{1-x^2}}\mathrm{d}x(x>0)$。

解：法一，令 $x=\sin t\left(0<t<\dfrac{\pi}{2}\right)$，$\mathrm{d}x=\cos t\mathrm{d}t$，$\sqrt{1-x^2}=\sqrt{1-\sin^2 t}=\cos t$。

$$原式 = \int\frac{1}{\sin t\cdot\cos t}\cos t\mathrm{d}t = \int\csc t\mathrm{d}t = \ln|\csc t-\cot t| + c = \ln\left|\frac{1-\sqrt{1-x^2}}{x}\right| + c。$$

法二，令 $t=\sqrt{1-x^2}$，$x=\sqrt{1-t^2}$，$\mathrm{d}x=-\dfrac{t}{\sqrt{1-t^2}}\mathrm{d}t$，

$$原式 = \int\frac{1}{\sqrt{1-t^2}\cdot t}\cdot\frac{-t}{\sqrt{1-t^2}}\mathrm{d}t = \int\frac{1}{t^2-1}\mathrm{d}t = \frac{1}{2}\ln\left|\frac{t-1}{t+1}\right| + c = \ln\left|\frac{\sqrt{1-x^2}-1}{\sqrt{1-x^2}+1}\right| + c。$$

法三，令 $x=\dfrac{1}{t}$，$\mathrm{d}x=-\dfrac{1}{t^2}\mathrm{d}t$。

$$原式 = \int\frac{1}{\frac{1}{t}\cdot\sqrt{1-\frac{1}{t^2}}}\cdot\left(-\frac{1}{t^2}\right)\mathrm{d}t = -\int\frac{1}{\sqrt{t^2-1}}\mathrm{d}t = -\ln|t+\sqrt{t^2-1}| + c$$

$$= -\ln\left|\frac{1+\sqrt{1-x^2}}{x}\right| + c。$$

本题采用三种不同的换元形式，得到的结果虽然不同，但经过化简变形后发现彼此间相差常数。

（四）分部积分法

例 28 求不定积分 $\int x\cos 2x \mathrm{d}x$。

分析：被积函数为幂函数与三角函数的乘积，可利用分部积分法。其中 $u=x$，则 $\mathrm{d}v=\cos 2x\mathrm{d}x=\mathrm{d}\left(\dfrac{1}{2}\sin 2x\right)$，即 $v=\dfrac{1}{2}\sin 2x$。

解：原式 $=x\cdot\dfrac{1}{2}\sin 2x-\int\dfrac{1}{2}\sin 2x\mathrm{d}x=\dfrac{1}{2}x\sin 2x+\dfrac{1}{4}\cos 2x+c$。

例 29 求积分 $\int e^{x}\sin x\mathrm{d}x$。

分析：被积函数为指数函数与三角函数得乘积，可以任选一个函数做为 u，需要进行两次分部积分才能得到结果。

解：

法一，$\int e^{x}\sin x\mathrm{d}x=\int\sin x\mathrm{d}e^{x}=e^{x}\cdot\sin x-\int e^{x}\mathrm{d}\sin x=e^{x}\sin x-\int e^{x}\cos x\mathrm{d}x$

$$=e^{x}\sin x-\int\cos x\mathrm{d}e^{x}=e^{x}\sin x-\left[e^{x}\cos x+\int e^{x}\sin x\mathrm{d}x\right]$$

移项有

$$\int e^{x}\sin x\mathrm{d}x=\frac{e^{x}(\sin x-\cos x)}{2}+c。$$

法二，$\int e^{x}\sin x\mathrm{d}x=-\int e^{x}\mathrm{d}(\cos x)=-e^{x}\cos x+\int\cos x\mathrm{d}e^{x}=-e^{x}\cos x+\int e^{x}\cos x$

$$=-e^{x}\cos x+\int e^{x}\mathrm{d}(\sin x)=-e^{x}\cos x+e^{x}\sin x-\int\sin x\mathrm{d}e^{x}$$

$$=-e^{x}\cos x+e^{x}\sin x-\int e^{x}\sin x\mathrm{d}x$$

移项有

$$\int e^{x}\sin x\mathrm{d}x=\frac{e^{x}(\sin x-\cos x)}{2}+c。$$

例 30 计算不定积分 $\int\sec^{3}x\mathrm{d}x$。

解：$\int\sec^{3}x\mathrm{d}x=\int\sec x\cdot\sec^{2}x\mathrm{d}x=\int\sec x\mathrm{d}\tan x=\sec x\cdot\tan x-\int\tan x\mathrm{d}\sec x$

$$=\sec x\cdot\tan x-\int\sec x\cdot\tan^{2}x\mathrm{d}x=\sec x\cdot\tan x-\int(\sec^{2}x-1)\sec x\mathrm{d}x$$

$$=\sec x\cdot\tan x-\int\sec^{3}x\mathrm{d}x+\int\sec x\mathrm{d}x$$

$$=\sec x\cdot\tan x-\int\sec^{3}x\mathrm{d}x+\ln|\sec x+\tan x|$$

移项有

$$\int \sec^3 x \mathrm{d}x = \frac{1}{2}\sec x \cdot \tan x + \frac{1}{2}\ln|\sec x + \tan x| + c。$$

例 31　求积分 $\displaystyle\int \frac{x}{\cos^2 x}\mathrm{d}x$。

解：原式 $= \displaystyle\int x \sec^2 x \mathrm{d}x = \int x \mathrm{d}\tan x = x\tan x - \int \tan x \mathrm{d}x = x\tan x + \ln|\cos x| + c$。

例 32　计算不定积分 $\displaystyle\int \frac{x\arctan x}{\sqrt{1+x^2}}\mathrm{d}x$。

分析：首先进行凑微分，然后再分部积分。

解：原式 $= \displaystyle\frac{1}{2}\int \frac{\arctan x}{\sqrt{1+x^2}}\mathrm{d}(1+x^2) = \int \arctan x \mathrm{d}(\sqrt{1+x^2})$

$$= \sqrt{1+x^2}\arctan x - \int \sqrt{1+x^2}\,\mathrm{d}\arctan x = \sqrt{1+x^2}\arctan x - \int \frac{\sqrt{1+x^2}}{1+x^2}\mathrm{d}x$$

$$= \sqrt{1+x^2}\arctan x - \int \frac{1}{\sqrt{1+x^2}}\mathrm{d}x = \sqrt{1+x^2}\arctan x - \ln(x+\sqrt{1+x^2}) + c。$$

例 33　计算不定积分 $\displaystyle\int \frac{x^2}{1+x^2}\arctan x \mathrm{d}x$。

解：原式 $= \displaystyle\int \left(1 - \frac{1}{1+x^2}\right)\arctan x \mathrm{d}x = \int \arctan x \mathrm{d}x - \int \frac{1}{1+x^2}\arctan x \mathrm{d}x$

$$= x\arctan x - \int x \mathrm{d}\arctan x - \int \arctan x \mathrm{d}\arctan x$$

$$= x\arctan x - \int \frac{x}{1+x^2}\mathrm{d}x - \frac{1}{2}(\arctan x)^2$$

$$= x\arctan x - \frac{1}{2}\int \frac{\mathrm{d}(1+x^2)}{1+x^2}\mathrm{d}x - \frac{1}{2}(\arctan x)^2$$

$$= x\arctan x - \frac{1}{2}\ln(1+x^2) - \frac{1}{2}(\arctan x)^2 + c。$$

例 34　求积分 $\displaystyle\int e^x\left(\frac{1}{x}+\ln x\right)\mathrm{d}x$。

分析：将原积分拆分两项，再分别积分。

解：原式 $= \displaystyle\int e^x \frac{1}{x}\mathrm{d}x + \int e^x \ln x \mathrm{d}x = \int e^x \mathrm{d}(\ln x) + \int e^x \ln x \mathrm{d}x$

$$= e^x \ln x - \int \ln x \cdot e^x \mathrm{d}x + \int e^x \ln x \mathrm{d}x = e^x \ln x + c。$$

例 35　设函数满足 $\displaystyle\int xf(x)\mathrm{d}x = x^2 e^x + c$，求 $\displaystyle\int f(x)\mathrm{d}x$。

解：$\displaystyle\frac{\mathrm{d}}{\mathrm{d}x}\left(\int xf(x)\mathrm{d}x\right) = \frac{\mathrm{d}}{\mathrm{d}x}(x^2 e^x + c)$，有 $xf(x) = 2xe^x + x^2 e^x$，得 $f(x) = 2e^x + xe^x$，

$$\int f(x)\mathrm{d}x = \int (2e^x + xe^x)\mathrm{d}x = 2e^x + \int x \mathrm{d}e^x = 2e^x + xe^x - \int e^x \mathrm{d}x$$

$$= 2e^x + xe^x - e^x + c = (1+x)e^x + c。$$

（五）有理函数积分

例 36 计算积分 $\int \dfrac{x+3}{x^2-5x+6}dx$。

分析：被积函数为有理真分式，通过待定系数法化为最简分式：

$\dfrac{x+3}{x^2-5x+6}=\dfrac{x+3}{(x-2)(x-3)}=\dfrac{A}{x-3}+\dfrac{B}{x-2}$，得 $A=6$，$B=-5$，

即 $\dfrac{x+3}{x^2-5x+6}=\dfrac{6}{x-3}-\dfrac{5}{x-2}$。

解：原式 $=\int\left(\dfrac{6}{x-3}-\dfrac{5}{x-2}\right)dx=6\ln|x-3|-5\ln|x-2|+c$。

例 37 求不定积分 $\int \dfrac{1}{x(x-1)^2}dx$。

分析：被积函数为有理真分式，通过待定系数法化为最简分式：

$\dfrac{1}{x(x-1)^2}=\dfrac{A}{x}+\dfrac{B}{(x-1)}+\dfrac{Cx+D}{(x-1)^2}$，得 $A=1$，$B=-1$，$C=0$，$D=1$

即 $\dfrac{1}{x(x-1)^2}=\dfrac{1}{x}-\dfrac{1}{(x-1)}+\dfrac{1}{(x-1)^2}$。

解：原式 $=\int\left(\dfrac{1}{x}-\dfrac{1}{x-1}+\dfrac{1}{(x-1)^2}\right)dx=\ln|x|-\ln|x-1|-\dfrac{1}{x-1}+c$。

例 38 计算积分 $\int \dfrac{x^3-4x^2+2x+9}{x^2-5x+6}dx$。

分析：被积函数为有理假分式，将其化成多项式和真分式后再分别进行积分。

解：原式 $=\int\left[(x+1)+\dfrac{x+3}{x^2-5x+6}\right]dx=\int\left[(x+1)+\dfrac{6}{x-3}-\dfrac{5}{x-2}\right]dx$

$=\dfrac{1}{2}x^2+x+6\ln|x-3|-5\ln|x-2|+c$。

例 39 计算积分 $\int \dfrac{x^3}{1+x^4}dx$。

分析：被积函数的分母不能因式分解，但 $(1+x^4)'=4x^3$，采用凑微分法计算。

解：原式 $=\dfrac{1}{4}\int\dfrac{d(1+x^4)}{1+x^4}=\dfrac{1}{4}\ln(1+x^4)+c$。

例 40 计算不定积分 $\int \dfrac{2x+5}{x^2+4x+5}dx$。

分析：被积函数的分母不能够因式分解，但 $(x^2+4x+5)'=2x+4$，采用凑微分法和直接积分法分别进行计算。

解：原式 $=\int\dfrac{2x+4+1}{x^2+4x+5}dx=\int\dfrac{d(x^2+4x+5)}{x^2+4x+5}+\int\dfrac{1}{(x+2)^2+1}dx$

$=\ln(x^2+4x+5)+\arctan(x+2)+c$。

例 41　计算不定积分 $\int \dfrac{3x+4}{\sqrt{x^2+4x+5}}\mathrm{d}x$。

解：原式 $=\int \dfrac{\frac{3}{2}(2x+4)-2}{\sqrt{x^2+4x+5}}\mathrm{d}x=\dfrac{3}{2}\int \dfrac{\mathrm{d}(x^2+4x+5)}{\sqrt{x^2+4x+5}}-2\int \dfrac{1}{\sqrt{(x+2)^2+1}}\mathrm{d}(x+2)$

$=3\sqrt{x^2+4x+5}-2\ln\left[x+2+\sqrt{x^2+4x+5}\right]+c$。

五、强化练习

A 题

（一）选择题

1. 设函数 $f(x)$ 为可导函数，则 $\left(\int f(x)\mathrm{d}x\right)'=($ 　　)。

A. $f(x)$ 　　　　B. $f(x)+c$ 　　　　C. $f'(x)$ 　　　　D. $f'(x)\mathrm{d}x$

2. 设 $f(x)$ 的导数为 $\cos x$，则 $f(x)$ 有一个原函数为(　　)。

A. $1-\sin x$ 　　　　B. $1+\sin x$ 　　　　C. $1-\cos x$ 　　　　D. $1+\cos x$

3. $f(x)$ 的一个原函数是 $\cos x$，则 $\int xf'(x)\mathrm{d}x=($ 　　)。

A. $-x\sin x-\cos x+c$ 　　　　　　B. $x\sin x+\cos x+c$

C. $x\cos x+\sin x+c$ 　　　　　　D. $x\cos x-\sin x+c$

4. 下列各式成立的是(　　)。

A. $\int \sin x\mathrm{d}x=\cos x+c$ 　　　　　　B. $\int \arctan x\mathrm{d}x=\dfrac{1}{1+x^2}+c$

C. $\int a^x\mathrm{d}x=a^x\ln a+c$ 　　　　　　D. $\int \tan x\mathrm{d}x=-\ln|\cos x|+c$

5. 不定积分 $\int \dfrac{\sqrt{x}}{x}\mathrm{d}x=($ 　　)。

A. $\dfrac{2}{\sqrt{x}}+c$ 　　　　B. $\sqrt{x}+c$ 　　　　C. $2\sqrt{x}+c$ 　　　　D. $\dfrac{1}{\sqrt{x}}+c$

6. 设 $\int \dfrac{f(x)}{x}\mathrm{d}x=\tan x+c$，则 $f(x)=($ 　　)。

A. $\sec^2 x$ 　　　　B. $x\sec^2 x$ 　　　　C. $\dfrac{x}{1+x^2}$ 　　　　D. $\dfrac{1}{1+x^2}$.

7. 设 $F(x)$ 是 $f(x)$ 的一个原函数，则 $\int e^{-x}f(e^{-x})\mathrm{d}x=($ 　　)。

A. $F(e^{-x})+c$ 　　　　B. $-F(e^{-x})+c$ 　　　　C. $F(e^x)+c$ 　　　　D. $-F(e^x)+c$

8. 不定积分 $\int \dfrac{x^2}{1+x^2}\mathrm{d}x=($ 　　)。

A. $\ln(1+x^2)+c$　　　B. $x-\arctan x+c$　　　C. $x-\ln(1+x^2)+c$　　　D. $x\arctan x+c$

9. 若 $\int f(x)\mathrm{d}x=e^{2x}+c$，则 $f(x)=($ 　　 $)$。

A. e^{2x}　　　　　B. $2e^{2x}$　　　　　C. $\dfrac{1}{2}e^{2x}$　　　　　D. $-e^{2x}$

10. 在区间 (a,b) 内，若 $f'(x)=g'(x)$，则下列各式一定成立的是(　　)。

A. $f(x)=g(x)$　　　　　　　　　B. $f(x)=g(x)+1$

C. $\left(\int f(x)\mathrm{d}x\right)'=\left(\int g(x)\mathrm{d}x\right)'$　　　D. $\int f'(x)\mathrm{d}x=\int g'(x)\mathrm{d}x$

11. $\int(\cos x-\sin x)\mathrm{d}x=($ 　　 $)$。

A. $\sin x+\cos x+c$　　B. $-\sin x+\cos x+c$　　C. $-\sin x-\cos x+c$　　D. $\sin x+\cos x+c$

12. 下列各式正确的是(　　)。

A. $\int\dfrac{1}{x^3}\mathrm{d}x=\dfrac{2}{x^2}+c$　　　　　　　　B. $\int 2^x\mathrm{d}x=2^x\ln 2+c$

C. $\int\dfrac{1}{1+x^2}\mathrm{d}x=-\mathrm{arccot}x+c$　　　　D. $\int\cot x\mathrm{d}x=\ln|\cos x|+c$

(二) 判断题(正确的填写 **T**，错误的填写 **F**)

1. $\dfrac{\mathrm{d}}{\mathrm{d}x}\int\cos x\mathrm{d}x=\cos x$。(　　)

2. $\sin^2 x$，$-\cos^2 x$ 都是 $\sin 2x$ 的原函数。(　　)

3. $\int\dfrac{1}{\sqrt{a^2-x^2}}\mathrm{d}x=\dfrac{1}{a}\arcsin\dfrac{x}{a}+c$。(　　)

4. $\int\dfrac{1}{\sqrt{x^2-a^2}}\mathrm{d}x=\ln\left|x+\sqrt{x^2-a^2}\right|+c$。(　　)

5. 若函数 $f(x)$ 在区间 (a,b) 内不连续，则 $f(x)$ 在区间 (a,b) 内不存在原函数。(　　)

6. $y=(e^x+e^{-x})^2$，$y=(e^x-e^{-x})^2$ 是同一个函数的原函数。(　　)

7. $y=\ln(ax)(a>0)$，$y=\ln(bx)+c(b>0)$ 是同一个函数的原函数。(　　)

8. $\mathrm{d}\int\cos x\mathrm{d}x=\sin x$。(　　)

9. 若 $F'_1(x)=F'_2(x)$，则 $F_1(x)-F_2(x)=0$。(　　)

10. 若 $f(x)$ 在区间 (a,b) 内的某个原函数是常数，则在 (a,b) 内有 $f(x)\equiv 0$。(　　)

(三) 填空题

1. 若 $F'(x)=f(x)$，则 $\mathrm{d}\left[\int F'(x)\mathrm{d}x\right]=$ _____。

2. $\int\dfrac{1}{x^2+2x-3}\mathrm{d}x=$ _____。

3. $\int xf''(x)\mathrm{d}x=$ _____。

4. 设函数 $f(x)$ 的一个原函数为 $\sin x$，则 $\int xf'(x)\,\mathrm{d}x =$ ＿＿＿＿＿。

5. 若 $f'(2x) = \cos 2x$，则 $f(x) =$ ＿＿＿＿＿。

6. $\int xf(x^2)f'(x^2)\,\mathrm{d}x =$ ＿＿＿＿＿。

7. $\int \dfrac{1-\sin x}{x+\cos x}\,\mathrm{d}x =$ ＿＿＿＿＿。

8. 设 $f(x) = k\tan 2x$ 的一个原函数为 $\dfrac{1}{4}\ln\cos 2x + 3$，则 $k =$ ＿＿＿＿＿。

9. 设曲线 $y=f(x)$ 在点 x 处的切线的斜率为 $-x+2$，且曲线通过点 $(2，5)$，则曲线方程为 ＿＿＿＿＿。

10. $\int \dfrac{\mathrm{d}x}{a^2+b^2x^2} =$ ＿＿＿＿＿，$\int \dfrac{\mathrm{d}x}{\sqrt{a^2-b^2x^2}} =$ ＿＿＿＿＿。

（四）计算题

1. $\int \dfrac{x}{(1-x)^3}\,\mathrm{d}x$。

2. $\int \dfrac{3x^4+3x^2+1}{x^2+1}\,\mathrm{d}x$。

3. $\int \dfrac{x+2}{x^2+4x+8}\,\mathrm{d}x$。

4. $\int \left(1-\dfrac{1}{x^2}\right)\sqrt{x\sqrt{x}}\,\mathrm{d}x$。

5. $\int \dfrac{1}{\sqrt{x^2-2x+5}}\,\mathrm{d}x$。

6. $\int \dfrac{1}{1-\cos 2x}\,\mathrm{d}x$。

7. $\int x\cdot\sec^2 x\,\mathrm{d}x$。

8. $\int \dfrac{\sec x-\cos x}{\cos x}\,\mathrm{d}x$。

9. $\int \dfrac{\sin 2x}{\sqrt{3-\cos^2 x}}\,\mathrm{d}x$。

10. $\int \dfrac{1}{\sqrt{1+x-x^2}}\,\mathrm{d}x$。

11. $\int \dfrac{2x-1}{\sqrt{9x^2-4}}\,\mathrm{d}x$。

12. $\int \cos 4x\cdot\cos 3x\,\mathrm{d}x$。

13. $\int \dfrac{\sqrt{x}}{1+x}\mathrm{d}x$。

14. $\int \sin x \cdot \ln(\tan x)\,\mathrm{d}x$。

15. $\int \dfrac{\mathrm{d}x}{(x-3)\sqrt{x+1}}$。

16. $\int (x^2-2x)\ln x\,\mathrm{d}x$。

B 题

(一) 选择题

1. 下列函数不是 $\sin 2x$ 的原函数的为(　　)。

A. $-\dfrac{1}{2}\cos 2x-1$　　　B. $-1-\sin^2 x$　　　C. $1-\cos^2 x$　　　D. $\sin^2 x$

2. 若 $\int f(x)\mathrm{d}x=F(x)+c$，则 $\int \sin x f(\cos x)\mathrm{d}x$ 等于(　　)。

A. $F(\sin x)+c$　　　B. $-F(\sin x)+c$　　　C. $F(\cos x)+c$　　　D. $-F(\cos x)+c$

3. $\int \left(\dfrac{1}{\sin^2 x}+1\right)\mathrm{d}(\sin x)=$(　　)。

A. $-\cos x+x+c$　　　B. $-\cos x+\sin x+c$　　　C. $-\dfrac{1}{\sin x}+\sin x+c$　　　D. $-\dfrac{1}{\sin x}+x+c$

4. 若 $\int f(x)e^{\frac{1}{x}}\mathrm{d}x=-e^{\frac{1}{x}}+c$，则 $f(x)=$(　　)。

A. $-\dfrac{1}{x}$　　　B. $-\dfrac{1}{x^2}$　　　C. $-\dfrac{1}{x}$　　　D. $\dfrac{1}{x^2}$

5. 若 $f(x)$ 的一个原函数是 $\ln 4x$，则 $\int f'(x)\mathrm{d}x=$(　　)。

A. $\ln|x|+c$　　　B. $\dfrac{1}{x}\mathrm{d}x$　　　C. $\ln|x|\mathrm{d}x$　　　D. $\dfrac{1}{x}+c$

(二) 填空题

1. 已知 $f'(x^2)=\dfrac{1}{x}$ $(x>0)$，则 $f(x)=$＿＿＿＿＿。

2. 已知 $\int f(x)\mathrm{d}x=F(x)+c$，则 $\int \dfrac{f(\ln x)}{x}\mathrm{d}x=$＿＿＿＿＿。

3. 设 $f(x)=e^{-x}$，则 $\int \dfrac{f'(\ln x)}{x}\mathrm{d}x=$＿＿＿＿＿。

4. $\int \dfrac{1}{\sqrt{x}}e^{\sqrt{x}}\mathrm{d}x=$＿＿＿＿＿。

5. $\int f(x)\,dx = \arcsin 2x + c$，则 $f(x) =$ _____。

6. 若 $\int f(x)\,dx = \sqrt{x} + c$，则 $\int x^2 f(1-x^3)\,dx =$ _____。

7. 已知 $\int f(x)\,dx = x^2 e^{2x} + c$，则 $f(x) =$ _____。

（三）计算题

1. $\int \dfrac{1+2x^2}{x^2(1+x^2)}\,dx$。

2. $\int \dfrac{\ln x + 2}{x}\,dx$。

3. $\int \dfrac{1}{\sqrt{2x-3}+1}\,dx$。

4. $\int \dfrac{1}{(9+x^2)^{\frac{3}{2}}}\,dx$。

5. $\int \ln(x^2+1)\,dx$。

6. $\int \dfrac{x}{x^2-4x-5}\,dx$。

7. （1）$\int \dfrac{1}{1+\sin x}\,dx$；（2）$\int \dfrac{\sin x}{1+\sin x}\,dx$；（3）$\int \dfrac{\cos x}{1+\sin x}\,dx$。

8. （1）$\int \tan x\,dx$；（2）$\int \tan^2 x\,dx$；（3）$\int \tan^3 x\,dx$；（4）$\int \tan^4 x\,dx$。

9. 已知在曲线上任一点切线的斜率为 $2x$，并且曲线经过 $(1, -3)$，求此曲线方程。

10. 已知 $\int f(x)\,dx = \sqrt{1-x^2} + c$，求：

（1）$\int e^{-x} f(e^{-x})\,dx$；（2）$\int \dfrac{f'(\ln x)}{x}\,dx$。

第七章 定积分

一、目的要求

（1）理解定积分概念及其几何意义；

（2）掌握定积分的性质以及变上限积分函数的求导；

（3）掌握牛顿–莱布尼茨公式，掌握定积分的积分方法。

二、内容结构

定积分的概念及其几何意义

可积条件 { 充分条件 / 必要条件 }

定积分的性质

变上限积分及求导法则

定积分的计算 { 微积分基本定理——牛顿–莱布尼茨公式 / 基本积分方法 / 换元积分法 { 第一类换元积分法 / 第二类换元积分法 } / 分部积分法 }

三、知识梳理

（一）定积分的概念及几何意义

1. 定义

设函数 $f(x)$ 在区间 $[a, b]$ 上有界，在 $[a, b]$ 中任意任意插入若干个分点 $a = x_0 < x_1 < x_2 < \cdots < x_{n-1} < x_n = b$，把区间 $[a, b]$ 分成 n 个小区间 $[x_0, x_1]$，$[x_1, x_2]$，$\cdots$，$[x_{n-1}, x_n]$，各个区间长度为 $\Delta x_1 = x_1 - x_0$，$\Delta x_2 = x_2 - x_1$，$\cdots$，$\Delta x_n = x_n - x_{n-1}$。若每个小区间 $[x_{i-1}, x_i]$ 上任取点 $\xi_i (x_{i-1} \leqslant \xi_i \leqslant x_i)$，作和 $S = \sum_{i=1}^{n} f(\xi_i) \Delta x_i$，记 $\lambda = \max\{\Delta x_1, \cdots, \Delta x_n\}$，若无论对 $[a, b]$ 如何划分，也无论在 $[x_{i-1}, x_i]$ 上点 ξ_i 如何选取，只要当 $\lambda \to 0$ 时，S 总趋于确定的极限 I，则称极限 I 为函数 $f(x)$ 在区间 $[a, b]$ 上的定积分，记作 $\int_a^b f(x) \, \mathrm{d}x$，即 $\int_a^b f(x) \, \mathrm{d}x = I = \lim_{\lambda \to 0} \sum_{i=1}^{n} f(\xi_i) \Delta x_i$，其中 $f(x)$ 称为被积函数，$f(x) \mathrm{d}x$ 为被积表达式，x 为积分变量，a 为积分下限，b 为积分上限，$[a, b]$ 为积分区间。

2. 定积分的几何意义

(1) 在区间$[a, b]$上，若$f(x) \geq 0$，则积分$\int_a^b f(x)\mathrm{d}x$在几何上表示曲线$y=f(x)$、x轴及直线$x=a$、$x=b$所围成的曲边梯形的面积。

(2) 在区间$[a, b]$上，若$f(x) \leq 0$，曲线$y=f(x)$、x轴及直线$x=a$、$x=b$所围成的曲边梯形位于x轴的下方，则积分$\int_a^b f(x)\mathrm{d}x$表示曲边梯形面积的负值。

(3) 在区间$[a, b]$上，$f(x)$既取得负值也取得正值，函数$f(x)$的图像一部分在x轴的上方，一部分在x轴的下方，则积分$\int_a^b f(x)\mathrm{d}x$表示x轴上方图形面积减去x轴下方的图形面积之差。

3. 函数$f(x)$在$[a, b]$上可积的条件
(1) $f(x)$在$[a, b]$上有界是$f(x)$在$[a, b]$上可积的必要条件；
(2) $f(x)$在$[a, b]$上连续是$f(x)$在$[a, b]$上可积的充分条件；
(3) $f(x)$在$[a, b]$上只有有限多个间断点的有界函数，是$f(x)$在$[a, b]$上可积的充分条件。

（二）定积分的性质

定理1 若$f(x)$在区间$[a, b]$上连续，则$f(x)$在区间$[a, b]$上可积。

定理2 若$f(x)$在区间$[a, b]$上有界，且只有有限个间断点，则$f(x)$在区间$[a, b]$上可积。

规定 (1) $\int_a^b f(x)\mathrm{d}x = 0 (a=b)$。 (2) $\int_a^b f(x)\mathrm{d}x = -\int_b^a f(x)\mathrm{d}x$。

性质1 $\int_a^b [f(x) \pm g(x)]\mathrm{d}x = \int_a^b f(x)\mathrm{d}x \pm \int_a^b g(x)\mathrm{d}x$。

性质2 $\int_a^b kf(x)\mathrm{d}x = k\int_a^b f(x)\mathrm{d}x$，（$k$为常数）。

性质3（积分区间可加性） $\int_a^b f(x)\mathrm{d}x = \int_a^c f(x)\mathrm{d}x + \int_c^b f(x)\mathrm{d}x$。

性质4（保序性） 若区间$[a, b]$上，总有$f(x) \geq g(x)$，则$\int_a^b f(x)\mathrm{d}x \geq \int_a^b g(x)\mathrm{d}x$。

推论1 若区间$[a, b]$上，总有$f(x) \geq 0$，则$\int_a^b f(x)\mathrm{d}x \geq 0$。

推论2 $\left| \int_a^b f(x)\mathrm{d}x \right| \leq \int_a^b |f(x)|\mathrm{d}x (a<b)$。

性质5 设M及m分别是函数$f(x)$在区间$[a, b]$上的最大值和最小值，则$m(b-a) \leq \int_a^b f(x)\mathrm{d}x \leq M(b-a)(a<b)$。

性质6（积分中值定理） 若函数$f(x)$在区间$[a, b]$上连续，则在$[a, b]$上至少存在一个点ξ，满足$\int_a^b f(x)\mathrm{d}x = f(\xi)(b-a)$，$(a \leq \xi \leq b)$。称$f(\xi) = \dfrac{1}{b-a}\int_a^b f(x)\mathrm{d}x$为函数$f(x)$在区间$[a, b]$上的平均值。

(三) 微积分基本定理

1. 积分上限函数的定义

设函数 $f(x)$ 在区间 $[a, b]$ 上连续，对于每个取定的 $x \in [a, b]$，定积分 $\int_a^x f(t) \mathrm{d}t$ 都有一个确定的值与之对应，则称 $\int_a^x f(t) \mathrm{d}t$ 为定义在 $[a, b]$ 上的一个以上限变量 x 为自变量的函数，记作 $\Phi(x)$，即 $\Phi(x) = \int_a^x f(t) \mathrm{d}t (a \leqslant x \leqslant b)$，称 $\Phi(x)$ 为积分上限的函数或变上限积分。

2. 积分上限函数求导定理

定理 1　若函数 $f(x)$ 在区间 $[a, b]$ 上连续，则积分上限函数 $\Phi(x) = \int_a^x f(t) \mathrm{d}t$ 在 $[a, b]$ 上可导，且它的导函数为 $\Phi'(x) = \dfrac{\mathrm{d}}{\mathrm{d}x} \int_a^x f(t) \mathrm{d}t = f(x) (a \leqslant x \leqslant b)$。

引申　(1) 若 $\Phi(x) = \int_x^a f(t) \mathrm{d}t = -\int_a^x f(t) \mathrm{d}t$，则 $\Phi'(x) = -f(x)$；

(2) 若 $\Phi(x) = \int_a^{\varphi(x)} f(t) \mathrm{d}t$，则 $\Phi'(x) = f[\varphi(x)] \cdot \varphi'(x)$；

(3) 若 $\Phi(x) = \int_{\phi(x)}^{\varphi(x)} f(t) \mathrm{d}t$，则 $\Phi'(x) = f[\varphi(x)] \cdot \varphi'(x) - f[\phi(x)] \cdot \phi'(x)$。

定理 2　若函数 $f(x)$ 在区间 $[a, b]$ 上连续，则积分上限函数 $\Phi(x) = \int_a^x f(t) \mathrm{d}t$ 为 $f(x)$ 在区间 $[a, b]$ 上的原函数。

3. 牛顿-莱布尼茨公式

若函数 $f(x)$ 在区间 $[a, b]$ 上连续，函数 $F(x)$ 是 $f(x)$ 在区间 $[a, b]$ 上的原函数，则有
$\int_a^b f(x) \mathrm{d}x = F(b) - F(a)$。

(四) 定积分的计算

1. 定积分的换元积分法

设函数 $f(x)$ 在区间 $[a, b]$ 上连续. 若函数 $x = \varphi(t)$ 单调并具有连续的导数，且满足条件：$\varphi(\alpha) = a$，$\varphi(\beta) = b$，则有 $\int_a^b f(x) \mathrm{d}x = \int_\alpha^\beta f[\varphi(t)] \varphi'(t) \mathrm{d}t$。

2. 定积分的分部积分法

若函数 $u(x)$ 和函数 $v(x)$ 在区间 $[a, b]$ 上都具有连续的导数，则有 $\int_a^b u \mathrm{d}v = uv - \int_a^b v \mathrm{d}u$。

3. 定积分的几个常用公式

(1) 若函数 $f(x)$ 在区间 $[-a, a]$ 上可积，

① 若 $f(x)$ 为偶函数，则 $\int_{-a}^a f(x) \mathrm{d}x = 2\int_0^a f(x) \mathrm{d}x$；

② 若 $f(x)$ 为奇函数，则 $\int_{-a}^a f(x) \mathrm{d}x = 0$。

（2）$f(x)$ 是以 T 为周期的周期函数且可积，则对任一实数 a，有

$$\int_a^{a+T} f(x)\mathrm{d}x = \int_0^T f(x)\mathrm{d}x。$$

（3）$\sin^n x$，$\cos^n x$ 在区间 $\left[0, \dfrac{\pi}{2}\right]$ 上的积分

$$\int_0^{\frac{\pi}{2}} \sin^n x\mathrm{d}x = \int_0^{\frac{\pi}{2}} \cos^n x\mathrm{d}x = \begin{cases} \dfrac{n-1}{n} \cdot \dfrac{n-3}{n-2} \cdot \cdots \cdot \dfrac{2}{3} \cdot 1，& n\text{ 为正奇数}，\\[3mm] \dfrac{n-1}{n} \cdot \dfrac{n-3}{n-2} \cdot \cdots \cdot \dfrac{1}{2} \cdot \dfrac{\pi}{2}，& n\text{ 为正偶数}。 \end{cases}$$

四、精选例题

例 1　利用定积分的定义计算 $\int_0^1 x^2\mathrm{d}x$。

分析：被积函数 $f(x) = x^2$ 在积分区间 $[0, 1]$ 上连续，故可积，并且积分值与区间 $[0, 1]$ 的分法及点 ξ_i 的取法无关。因此，为了方便计算，将 $[0, 1]$ 进行 n 等分。

解：（1）将区间 $[0, 1]$ 分成 n 等份，分点为 $x_i = \dfrac{i}{n}$，$i = 1，2，\cdots，n-1$，每个小区间为

$[x_{i-1}, x_i]$，每个小区间的长度 $\Delta x_i = \dfrac{1}{n}$，$i = 1，2，\cdots，n-1$；取 $\xi_i = x_i$，$i = 1，2，\cdots，n-1$。

（2）作和 $\displaystyle\sum_{i=1}^n f(\xi_i)\Delta x_i = \sum_{i=1}^n {\xi_i}^2 \Delta x_i = \sum_{i=1}^n {x_i}^2 \Delta x_i = \sum_{i=1}^n \left(\dfrac{i}{n}\right)^2 \cdot \dfrac{1}{n} = \dfrac{1}{6}\left(1+\dfrac{1}{n}\right)\left(2+\dfrac{1}{n}\right)$。

（3）取极限：当 $\lambda \to 0$ 即 $n \to \infty$ 时，

$$\int_0^1 x^2\mathrm{d}x = \lim_{\lambda\to 0}\sum_{i=1}^n {\xi_i}^2 \Delta x_i = \lim_{n\to\infty}\dfrac{1}{6}\left(1+\dfrac{1}{n}\right)\left(2+\dfrac{1}{n}\right) = \dfrac{1}{3}。$$

例 2　求极限 $\displaystyle\lim_{n\to\infty}\left(\dfrac{n}{n^2+1^2}+\dfrac{n}{n^2+2^2}+\cdots+\dfrac{n}{n^2+n^2}\right)$。

分析：本题利用定积分的定义，可以求解无穷项和的极限，先分析和式，再引出被积函数 $f(x)$ 在积分区间 $[a, b]$ 上的定积分。

解：原式 $= \displaystyle\lim_{n\to\infty}\dfrac{1}{n}\left(\dfrac{n^2}{n^2+1^2}+\dfrac{n^2}{n^2+2^2}+\cdots+\dfrac{n^2}{n^2+n^2}\right)$

$= \displaystyle\lim_{n\to\infty}\dfrac{1}{n}\left(\dfrac{1}{1+\left(\dfrac{1}{n}\right)^2}+\dfrac{1}{1+\left(\dfrac{2}{n}\right)^2}+\cdots+\dfrac{1}{1+\left(\dfrac{n}{n}\right)^2}\right)$

$= \displaystyle\int_0^1 \dfrac{1}{1+x^2}\mathrm{d}x = \arctan x \,\Big|_0^1 = \dfrac{\pi}{4}。$

例 3　比较 $\int_0^2 e^{-x}\mathrm{d}x$ 与 $\int_0^2 (1+x)\mathrm{d}x$ 的大小。

分析：本题无需计算出定积分的值进行比较，根据定积分的性质 4，只需比较在区间 $[0, 2]$ 上函数 e^{-x} 与 $(1+x)$ 的大小。

解：设 $f(x) = e^{-x} - (1+x)$，则 $f'(x) = -e^{-x} - 1 < 0$，故 $f(x)$ 在区间 $[0, 2]$ 上单调递减，又

$f(0)=0$，故有 $f(x)=e^{-x}-(1+x)\leqslant 0$，即 $e^{-x}\leqslant 1+x$，所以 $\int_0^2 e^{-x}\mathrm{d}x\leqslant\int_0^2(1+x)\mathrm{d}x$。

例 4 已知 $\varphi(x)=\int_{\sin x}^{x^2}(2+t^3)\mathrm{d}t$，求 $\varphi'(x)$。

分析： 若 $\Phi(x)=\int_{\phi(x)}^{\varphi(x)}f(t)\mathrm{d}t$，则 $\Phi'(x)=f[\varphi(x)]\cdot\varphi'(x)-f[\phi(x)]\cdot\phi'(x)$。

解： $\varphi'(x)=\left[\int_{\sin x}^{x^2}(2+t^3)\mathrm{d}x\right]'=(2+x^6)\cdot 2x-(2+\sin^3 x)\cdot\cos x$。

例 5 计算极限 $\lim\limits_{x\to 0}\dfrac{\int_0^x\sin t\,\mathrm{d}t}{\ln(1+3x^2)}$。

分析： 本题所求极限为 $\dfrac{0}{0}$ 型，可使用洛必达法则和等价无穷小等进行计算。

解： 原式 $=\lim\limits_{x\to 0}\dfrac{\int_0^x\sin t\,\mathrm{d}t}{3x^2}=\lim\limits_{x\to 0}\dfrac{\sin x}{6x}=\dfrac{1}{6}$。

例 6 计算极限 $\lim\limits_{x\to 0}\dfrac{x-\sin x}{\int_0^x\dfrac{t^2}{\sqrt{t+4}}\mathrm{d}t}$。

解： 原式 $=\lim\limits_{x\to 0}\dfrac{1-\cos x}{\dfrac{x^2}{\sqrt{x+4}}}=\lim\limits_{x\to 0}\dfrac{\dfrac{1}{2}x^2}{\dfrac{x^2}{\sqrt{x+4}}}=\lim\limits_{x\to 0}\dfrac{\sqrt{x+4}}{2}=1$。

例 7 求极限 $\lim\limits_{x\to 0}\dfrac{\int_0^{x^2}te^t\mathrm{d}t}{\int_0^x x^2\sin t\,\mathrm{d}t}$。

分析： $\int_0^x x^2\sin t\,\mathrm{d}t=x^2\int_0^x\sin t\,\mathrm{d}t=u(x)\cdot v(x)$。

解： 原式 $=\lim\limits_{x\to 0}\dfrac{2x\cdot x^2 e^{x^2}}{2x\int_0^x\sin t\,\mathrm{d}t+x^2\sin x}=\lim\limits_{x\to 0}\dfrac{2x^2}{2\int_0^x\sin t\,\mathrm{d}t+x\sin x}$

$=\lim\limits_{x\to 0}\dfrac{4x}{2\sin x+\sin x+x\cos x}=\lim\limits_{x\to 0}\dfrac{4}{3\dfrac{\sin x}{x}+\cos x}=1$。

例 8 估计定积分 $\int_0^2(x^3+1)\mathrm{d}x$ 的值。

分析： 本题利用定积分的性质 5，计算被积函数 $f(x)=x^3+1$ 在区间 $[0,2]$ 的最大值和最小值即可。

解： 设 $f(x)=x^3+1$，$f'(x)=3x^2$，故 $f(x)$ 在区间 $(0,2)$ 内无驻点；$f_{\min}(0)=1$，$f_{\max}(2)=9$，故 $1\cdot(2-0)\leqslant\int_0^2(x^3+1)\mathrm{d}x\leqslant 9\cdot(2-0)$，即 $2\leqslant\int_0^2(x^3+1)\mathrm{d}x\leqslant 18$。

例 9 计算定积分 $\int_0^{\frac{\pi}{2}} |\sin x - \cos x| dx$。

分析：$|\sin x - \cos x| = \begin{cases} \cos x - \sin x, & 0 \leqslant x \leqslant \dfrac{\pi}{4}; \\ \sin x - \cos x, & \dfrac{\pi}{4} \leqslant x \leqslant \dfrac{\pi}{2}。 \end{cases}$ 利用定积分的可加性计算。

解：$\int_0^{\frac{\pi}{2}} |\sin x - \cos x| dx = \int_0^{\frac{\pi}{4}} (\cos x - \sin x) dx + \int_{\frac{\pi}{4}}^{\frac{\pi}{2}} (\sin x - \cos x) dx$

$$= \left[\sin x + \cos x \right]_0^{\frac{\pi}{4}} + \left[-\cos x - \sin x \right]_{\frac{\pi}{4}}^{\frac{\pi}{2}} = 2\sqrt{2} - 2。$$

例 10 设函数 $f(x) = \begin{cases} e^x, & x \leqslant 0 \\ 2+x, & x > 0 \end{cases}$，计算 $\int_{-1}^1 f(x) dx$。

解：$\int_{-1}^1 f(x) dx = \int_{-1}^0 e^x dx + \int_0^1 (2+x) dx = e^x \Big|_{-1}^0 + \left(2x + \dfrac{1}{2}x^2 \right) \Big|_0^1 = \dfrac{7}{2} - \dfrac{1}{e}。$

例 11 $\int_0^{\frac{\pi}{4}} \dfrac{\sin x}{1+\sin x} dx$。

解：原式 $= \int_0^{\frac{\pi}{4}} \dfrac{\sin x(1-\sin x)}{1-\sin^2 x} dx = \int_0^{\frac{\pi}{4}} \dfrac{\sin x}{\cos^2 x} dx - \int_0^{\frac{\pi}{4}} \dfrac{\sin^2 x}{\cos^2 x} dx$

$$= \int_0^{\frac{\pi}{4}} -\dfrac{1}{\cos^2 x} d(\cos x) - \int_0^{\frac{\pi}{4}} \tan^2 x dx$$

$$= \left[\dfrac{1}{\cos x} \right]_0^{\frac{\pi}{4}} - \int_0^{\frac{\pi}{4}} \sec^2 x dx + \int_0^{\frac{\pi}{4}} dx$$

$$= \sqrt{2} - 2 + \dfrac{\pi}{4}。$$

例 12 计算积分 $\int_1^{\sqrt{3}} \dfrac{1+2x^2}{x^2(x^2+1)} dx$。

分析：本题被积函数为有理函数，可采用有理函数积分方法。

解：$\int_1^{\sqrt{3}} \dfrac{1+2x^2}{x^2(x^2+1)} dx = \int_1^{\sqrt{3}} \dfrac{x^2+(1+x^2)}{x^2(x^2+1)} dx = \int_1^{\sqrt{3}} \dfrac{1}{x^2} dx + \int_1^{\sqrt{3}} \dfrac{1}{1+x^2} dx$

$$= \left[-\dfrac{1}{x} \right]_1^{\sqrt{3}} + \left[\arctan x \right]_1^{\sqrt{3}} = 1 - \dfrac{\sqrt{3}}{3} + \dfrac{\pi}{12}。$$

例 13 求 $\int_{\frac{\pi}{6}}^{\frac{\pi}{3}} (\tan x + \cot x)^2 dx$。

解：$\int_{\frac{\pi}{6}}^{\frac{\pi}{3}} (\tan x + \cot x)^2 dx = \int_{\frac{\pi}{6}}^{\frac{\pi}{3}} (\tan^2 x + \cot^2 x + 2) dx = \int_{\frac{\pi}{6}}^{\frac{\pi}{3}} \sec^2 x dx + \int_{\frac{\pi}{6}}^{\frac{\pi}{3}} \csc^2 x dx$

$$= \left[\tan x - \cot x \right]_{\frac{\pi}{6}}^{\frac{\pi}{3}} = 2\left(\sqrt{3} - \dfrac{\sqrt{3}}{3} \right)。$$

例 14 求函数 $y = \int_0^{x^2} e^{-t^2} dt$ 在区间 $(-\infty, +\infty)$ 上的极值。

解：$y' = \left(\int_0^{x^2} e^{-t^2} dt \right)' = e^{-x^4} \cdot 2x$，令 $y' = 0$，得 $x = 0$ 为驻点，当 $x < 0$ 时，$y' < 0$；当 $x > 0$ 时，$y' > 0$，故 $y(0) = 0$ 为函数的极小值。

例 15 求积分 $\int_0^3 \dfrac{\sqrt{1+x}}{1+\sqrt{1+x}} dx$。

解：令 $t = \sqrt{1+x}$，$x = t^2 - 1$，$dx = 2t dt$，当 $x = 0$ 时，$t = 1$，当 $x = 3$ 时，$t = 2$；

则 $\int_0^3 \dfrac{\sqrt{1+x}}{1+\sqrt{1+x}} dx = \int_1^2 \dfrac{t}{1+t} \cdot 2t dt = 2\int_1^2 \dfrac{t^2}{1+t} dt = 2\int_1^2 \dfrac{t^2-1}{1+t} dt - 2\int_1^2 \dfrac{1}{1+t} dt$

$$= 2\int_1^2 (t-1) dt - 2\ln(1+t) \Big|_1^2 = 2\left[\dfrac{t^2}{2} - t \right]_1^2 + 2\ln\dfrac{3}{2} = 2\left(\ln\dfrac{3}{2} + \dfrac{1}{2} \right).$$

例 16 计算 $\int_{-2}^2 (x^3 - x^2)\sqrt{4-x^2} dx$。

分析：（1）若被积函数 $f(x)$ 为偶函数，则 $\int_{-a}^a f(x) dx = 2\int_0^a f(x) dx$；

（2）若被积函数 $f(x)$ 为奇函数，则 $\int_{-a}^a f(x) dx = 0$。

解：$\int_{-2}^2 (x^3 - x^2)\sqrt{4-x^2} dx = \int_{-2}^2 x^3\sqrt{4-x^2} dx - \int_{-2}^2 x^2\sqrt{4-x^2} dx = -2\int_0^2 x^2\sqrt{4-x^2} dx$，令 $x = 2\sin t$，$dx = 2\cos t$，当 $x = 0$ 时，$t = 0$；当 $x = 2$ 时，$t = \dfrac{\pi}{2}$；

原式 $= -2\int_0^{\frac{\pi}{2}} 4\sin^2 t \cdot 2\cos t \cdot 2\cos t dt = -32\int_0^{\frac{\pi}{2}} (\sin^2 t - \sin^4 t) dt = -2\pi$。

例 17 计算 $\int_1^e x\ln x dx$。

解：原式 $= \int_1^e \ln x d\left(\dfrac{1}{2}x^2 \right) = \left[\dfrac{1}{2}x^2\ln x \right]_1^e - \dfrac{1}{2}\int_1^e x^2 d(\ln x) = \dfrac{1}{2}e^2 - \dfrac{1}{2}\int_1^e x dx$

$$= \dfrac{1}{2}e^2 - \dfrac{1}{2}\left[\dfrac{1}{2}x^2 \right]_1^e = \dfrac{1}{4}(e^2 + 1)。$$

例 18 求 $\int_0^a \ln(x + \sqrt{x^2 + a^2}) dx \, (a > 0)$

解：原式 $= \left[x\ln(x + \sqrt{x^2 + a^2}) \right]_0^a - \int_0^a x d\left[\ln(x + \sqrt{x^2 + a^2}) \right]$

$$= a\ln(a + \sqrt{2}a) - \int_0^a x \cdot \dfrac{1}{\sqrt{x^2 + a^2}} dx = a\ln(a + \sqrt{2}a) - \dfrac{1}{2}\int_0^a \dfrac{1}{\sqrt{x^2 + a^2}} d(x^2 + a^2)$$

$$= a\ln(a + \sqrt{2}a) - \left[\sqrt{x^2 + a^2} \right]_0^a = a - \sqrt{2}a + a\ln(a + \sqrt{2}a)。$$

例 19 计算 $\int_1^{\sqrt{3}} x\arctan x dx$。

解：原式 $= \dfrac{1}{2}\int_1^{\sqrt{3}} \arctan x dx^2 = \left(\dfrac{1}{2}x^2\arctan x \right)_1^{\sqrt{3}} - \dfrac{1}{2}\int_1^{\sqrt{3}} \dfrac{x^2}{1+x^2} dx$

$$= \dfrac{1}{2}\left(3 \cdot \dfrac{\pi}{3} - \dfrac{\pi}{4} \right) - \dfrac{1}{2}\left(\int_1^{\sqrt{3}} dx - \int_1^{\sqrt{3}} \dfrac{1}{1+x^2} dx \right)$$

$$=\frac{3\pi}{8}-\frac{1}{2}(x-\arctan x)\Big|_1^{\sqrt{3}}=\frac{5\pi}{12}-\frac{1}{2}(\sqrt{3}-1)。$$

例 20　证明：$\int_0^\pi xf(\sin x)\,\mathrm{d}x=\frac{\pi}{2}\int_0^\pi f(\sin x)\,\mathrm{d}x$。

证：令 $x=\pi-t$，$\mathrm{d}x=-\mathrm{d}t$，当 $x=0$ 时，$t=\pi$；当 $x=\pi$ 时，$t=0$，

$$\int_0^\pi xf(\sin x)\,\mathrm{d}x=\int_\pi^0(\pi-t)f[\sin(\pi-t)](-\mathrm{d}t)=\int_0^\pi \pi f(\sin t)\,\mathrm{d}t-\int_0^\pi tf(\sin t)\,\mathrm{d}t,$$

又因为 $\int_0^\pi xf(\sin x)\,\mathrm{d}x=\int_0^\pi tf(\sin t)\,\mathrm{d}t$，将上式整理有

$$2\int_0^\pi xf(\sin x)\,\mathrm{d}x=\pi\int_0^\pi f(\sin x)\,\mathrm{d}x,\text{ 即 }\int_0^\pi xf(\sin x)\,\mathrm{d}x=\frac{\pi}{2}\int_0^\pi f(\sin x)\,\mathrm{d}x。$$

例 21　设函数 $f(x)$ 是以 T 为周期的连续周期函数，证明 $\int_T^{T+a}f(x)\,\mathrm{d}x=\int_0^a f(x)\,\mathrm{d}x$，其中 a 为常数。

证明：令 $x=t-T$，$\mathrm{d}x=\mathrm{d}t$，当 $x=0$ 时，$t=T$，当 $x=a$ 时，$t=T+a$；则

$$\int_0^a f(x)\,\mathrm{d}x=\int_T^{T+a}f(t-T)\,\mathrm{d}t=\int_T^{T+a}f(t)\,\mathrm{d}t=\int_T^{T+a}f(x)\,\mathrm{d}x,\text{ 即证 }\int_T^{T+a}f(x)\,\mathrm{d}x=\int_0^a f(x)\,\mathrm{d}x。$$

利用此结果，容易证明 $\int_a^{a+T}f(x)\,\mathrm{d}x=\int_0^T f(x)\,\mathrm{d}x$，该结果表明以 T 为周期的连续周期函数 $f(x)$ 在其区间长度为 T 的任何一个积分区间上的积分值不变。

例 22　设由方程 $x+y^2=\int_0^{y-x}\cos^2 t\,\mathrm{d}t$ 所确定的隐函数为 $y=y(x)$，求 $\frac{\mathrm{d}y}{\mathrm{d}x}$。

解：方程的两边同时对 x 求导，得 $1+2y\cdot y'=(y'-1)\cos^2(y-x)$，整理得

$$\frac{\mathrm{d}y}{\mathrm{d}x}=\frac{1+\cos^2(y-x)}{\cos^2(y-x)-2y}。$$

例 23　求函数 $F(x)=\int_0^x\frac{3t+1}{t^2-t+1}\,\mathrm{d}t$ 在区间 $[0,1]$ 上的最大值与最小值。

解：$F'(x)=\frac{3x+1}{x^2-x+1}=\frac{3x+1}{\frac{3}{4}+\left(x-\frac{1}{2}\right)^2}>0(0\leq x\leq 1)$，故 $F(x)$ 在 $[0,1]$ 上单调递增，从而

$$F_{\min}=F(0)=\int_0^0\frac{3t+1}{t^2-t+1}\,\mathrm{d}t=0,$$

$$F_{\max}=F(1)=\int_0^1\frac{3t+1}{t^2-t+1}\,\mathrm{d}t=\frac{3}{2}\int_0^1\frac{2t-1}{t^2-t+1}\,\mathrm{d}t+\frac{5}{2}\int_0^1\frac{1}{\frac{3}{4}+\left(t-\frac{1}{2}\right)^2}\,\mathrm{d}t$$

$$=\frac{3}{2}[\ln(t^2-t+1)]_0^1+\frac{5}{2}\frac{2}{\sqrt{3}}\left[\arctan\frac{t-\frac{1}{2}}{\frac{\sqrt{3}}{2}}\right]_0^1$$

$$=\frac{5}{\sqrt{3}}\left(\frac{\pi}{6}+\frac{\pi}{6}\right)=\frac{5\sqrt{3}}{9}\pi。$$

例 24 设 $\int_0^x f(t)\,dt = e^x + x$，求 $\int_1^e \frac{1}{x}f(\ln x)\,dx$。

解： $\int_1^e \frac{1}{x}f(\ln x)\,dx = \int_1^e f(\ln x)\,d(\ln x)$，设 $t = \ln x$，$x = e$，$t = 1$，$x = 1$，$t = 0$，则有 $\int_1^e \frac{1}{x}$

$f(\ln x)\,dx = \int_0^1 f(t)\,dt = e + 1$。

例 25 求 $\int_{-a}^a x^2[f(x) - f(-x)]\,dx$，其中 $f(x)$ 为连续函数。

解： 设 $F(x) = x^2[f(x) - f(-x)]$，则有 $F(-x) = x^2[f(-x) - f(x)] = -x^2[f(x) - f(-x)] = -F(x)$，即 $F(x)$ 为奇函数，所以有 $\int_{-a}^a x^2[f(x) - f(-x)]\,dx = 0$。

例 26 设 $f(x) = \ln x - \int_1^e f(x)\,dx$，证明：$\int_1^e f(x)\,dx = \frac{1}{e}$。

证明： 设 $I = \int_1^e f(x)\,dx$，

$$I = \int_1^e f(x)\,dx = \int_1^e \left[\ln x - \int_1^e f(x)\,dx\right]\,dx = \int_1^e \ln x\,dx - I\int_1^e dx$$

$$= x\ln x\,|_1^e - \int_1^e x\,d\ln x - I(e-1)，\text{整理移项有}$$

$$I = \int_1^e f(x)\,dx = \frac{1}{e}。$$

例 27 求曲线 $y = \int_{\frac{\pi}{2}}^x \frac{\sin t}{t}\,dt$ 在 $x = \frac{\pi}{2}$ 处的切线方程。

解： $y\left(\frac{\pi}{2}\right) = \int_{\frac{\pi}{2}}^{\frac{\pi}{2}} \frac{\sin t}{t}\,dt = 0$，$y'\,|_{x=\frac{\pi}{2}} = \frac{\sin x}{x}\,|_{x=\frac{\pi}{2}} = \frac{2}{\pi}$，故有曲线的切线方程为

$$y = \frac{2}{\pi}\left(x - \frac{\pi}{2}\right)，\text{即 } 2x - \pi y - \pi = 0。$$

五、强化练习

A 题

（一）选择题

1. 定积分 $\int_a^b f(x)\,dx$ 为（　　）。

A. $f(x)$ 的一个原函数　　B. $f(x)$ 的全体原函数

C. 任意常数　　D. 确定常数

2. 定积分 $\int_a^b f(x)\,dx$ 与（　　）有关。

A. 区间 $[a, b]$ 的分法　　B. ξ_i 的取法

C. 区间 $[a, b]$ 和被积函数 $f(x)$　　D. 上述说法都不正确

3. 若函数 $f(x)$ 在区间 $[a, b]$ 上连续，则是 $f(x)$ 在区间 $[a, b]$ 上可积的(　　)。

A. 必要条件　　　　B. 充分条件　　　　C. 充要条件　　　　D. 既非充分也非必要条件

4. 下列等式不正确的是(　　)。

A. $\dfrac{\mathrm{d}}{\mathrm{d}x}\left[\int_a^b f(x)\,\mathrm{d}x\right]=f(x)$ 　　　　B. $\dfrac{\mathrm{d}}{\mathrm{d}x}\left[\int_a^{\varphi(x)} f(t)\,\mathrm{d}t\right]=f(\varphi(x))\cdot\varphi'(x)$

C. $\dfrac{\mathrm{d}}{\mathrm{d}x}\left[\int_x^a f(t)\,\mathrm{d}t\right]=-f(x)$ 　　　　D. $\dfrac{\mathrm{d}}{\mathrm{d}x}\left[\int_a^x F'(t)\,\mathrm{d}t\right]=F'(x)$

5. 函数 $f(x)$ 在 $[a, b]$ 上可微是定积分 $\int_a^b f(x)\,\mathrm{d}x$ 存在的(　　)。

A. 充分条件　　　　B. 必要条件　　　　C. 充要条件　　　　D. 既非充分也非必要条件

6. 设 $f(x)=x^3+x$，则 $\int_{-2}^2 f(x)\,\mathrm{d}x=($　　$)$。

A. 0　　　　B. 8　　　　C. $\int_0^2 f(x)\,\mathrm{d}x$　　　　D. $2\int_0^2 f(x)\,\mathrm{d}x$

7. $\int_0^x f'(2t)\,\mathrm{d}t=($　　$)$。

A. $\dfrac{1}{2}[f(2x)-f(0)]$ 　　　　B. $2[f(2x)-f(0)]$

C. $\dfrac{1}{2}[f(x)-f(0)]$ 　　　　D. $[f(2x)-f(0)]$

8. 设 $F(x)=\int_0^{-x} e^t\,\mathrm{d}t$，则 $F'(x)=($　　$)$。

A. e^{-x}　　　　B. $-e^{-x}$　　　　C. $-e^x$　　　　D. e^x

9. 下列定积分的值为 0 的为(　　)。

A. $\int_{-1}^1 x|x|\,\mathrm{d}x$　　　　B. $\int_{-1}^1 x^2\,\mathrm{d}x$　　　　C. $\int_{-1}^1 \sqrt{1-x^2}\,\mathrm{d}x$　　　　D. $\int_{-1}^1 x\sin x\,\mathrm{d}x$

10. 下列定积分的值为 0 的为(　　)。

A. $\int_{-1}^1(x+e^x)$　　　　B. $\int_{-1}^1(x^3+\sin x)$　　　　C. $\int_{-1}^1\dfrac{1}{\sqrt{1-x^2}}\,\mathrm{d}x$　　　　D. $\int_{-1}^1(x^2+\cos x)\,\mathrm{d}x$

11. 设 $f(x)=\begin{cases}x^2, & 0\leq x\leq 1\\ 2x, & 1<x\leq 2\end{cases}$，则 $\int_0^2 f(x)\,\mathrm{d}x=($　　$)$。

A. $\dfrac{13}{3}$　　　　B. $\dfrac{7}{3}$　　　　C. 3　　　　D. $\dfrac{10}{3}$

12. 若 $\int_0^1(2x+k)\,\mathrm{d}x=2$，则 $k=($　　$)$。

A. 4　　　　B. 2　　　　C. 1　　　　D. 0

13. 若 $\varphi(x)=\int_x^0\tan^2 t\,\mathrm{d}t$，则 $\varphi'(x)=($　　$)$。

A. $-2\tan x\sec^2 x$　　　　B. $\tan^2 x$　　　　C. $2\tan x\sec^2 x$　　　　D. $-\tan^2 x$

14. 设 $\varphi(x)=\int_x^5 te^{-t}\,\mathrm{d}t$，则 $\varphi'(1)=($　　$)$。

A. $-e^{-1}$　　　　B. $2e^{-1}$　　　　C. $-2e$　　　　D. e^{-1}

15. $\int_3^6 \dfrac{x}{\sqrt{x-2}}\mathrm{d}x = ($ $)$。

A. $\dfrac{13}{3}$ B. $\dfrac{16}{3}$ C. $\dfrac{26}{3}$ D. $\dfrac{32}{3}$

16. 用换元积分法计算函数定积分时，若设 $\sqrt[3]{x}=t$，则 $\int_1^8 \dfrac{\mathrm{d}x}{x+\sqrt[3]{x}}$ 变形为（ ）。

A. $\int_1^8 \dfrac{t\mathrm{d}t}{1+t^2}$ B. $\int_1^2 \dfrac{t\mathrm{d}t}{1+t^2}$ C. $\int_1^8 \dfrac{3t\mathrm{d}t}{1+t^2}$ D. $\int_1^2 \dfrac{3t\mathrm{d}t}{1+t}$

17. 若 $\int_0^x f(t)\mathrm{d}t = \dfrac{x^2}{2}$，则 $\int_0^4 \dfrac{1}{\sqrt{x}}f(x)\mathrm{d}x = ($ $)$。

A. $\dfrac{8}{3}$ B. $\dfrac{16}{3}$ C. 0   D. 2

18. 设 $f(x)$ 与 $g(x)$ 在 $[0,1]$ 上连续且 $f(x)\leqslant g(x)$，则对任何 $C\in(0,1)$，有（ ）。

A. $\int_{\frac{1}{2}}^C f(t)\mathrm{d}t \geqslant \int_{\frac{1}{2}}^C g(t)\mathrm{d}t$ B. $\int_{\frac{1}{2}}^C f(t)\mathrm{d}t \leqslant \int_{\frac{1}{2}}^C g(t)\mathrm{d}t$

C. $\int_C^1 f(t)\mathrm{d}t \geqslant \int_C^1 g(t)\mathrm{d}t$ D. $\int_C^1 f(t)\mathrm{d}t \leqslant \int_C^1 g(t)\mathrm{d}t$

19. 设 $I_1 = \int_0^{\frac{\pi}{3}} (1+\sin x)^2\mathrm{d}x$，$I_2 = \int_0^{\frac{\pi}{3}} (1+\tan x)^2\mathrm{d}x$，则（ ）。

A. $I_2>I_1>1$ B. $I_1>I_2>1$ C. $1>I_2>I_1$ D. $1>I_1>I_2$

20. 设 $\int_0^x f(t)\mathrm{d}t = x\sin x$，则 $f(x) = ($ $)$。

A. $\sin x+x\cos x$ B. $\sin x-x\cos x$ C. $x\cos x-\sin x$ D. $-\sin x-x\cos x$

21. 若 $f(x)$ 有连续导数，$f(b)=5$，$f(a)=3$，则 $\int_a^b f'(x)\mathrm{d}x = ($ $)$。

A. -2 B. 2   C. 3   D. 5

22. 函数 $f(x)$ 在 $[a,b]$ 上有界是 $f(x)$ 在 $[a,b]$ 上可积的（ ）。

A. 必要条件   B. 充分条件   C. 充要条件   D. 既非充分也非必要条件

23. 设 $\varphi(x) = \int_a^x xf(t)\mathrm{d}t$，则 $\varphi'(x) = ($ $)$。

A. $xf(x)$ B. $\int_a^x f(t)\mathrm{d}x-xf(x)$ C. $xf'(x)$ D. $\int_a^x f(t)\mathrm{d}x+xf(x)$

（二）判断题（正确的填写 T，错误的填写 F）

1. 若函数 $f(x)$ 在 $[a,b]$ 上连续，则变限积分函数 $\int_a^x f(t)\mathrm{d}t(t\in[a,b])$ 是函数 $f(x)$ 的一个原函数。（ ）

2. $\mathrm{d}\left(\int_0^x \arctan t\mathrm{d}t\right) = \arctan x$。（ ）

3. 函数 $f(x)$ 在 $[a,b]$ 上有定义且 $|f(x)|$ 在 $[a,b]$ 上可积，则 $\int_a^b f(x)\mathrm{d}x$ 一定存在。（ ）

4. $\int_{-1}^{1} \dfrac{\mathrm{d}x}{1+x^2} = - \int_{-1}^{1} \dfrac{\mathrm{d}\left(\dfrac{1}{x}\right)}{1+\left(\dfrac{1}{x}\right)^2} = \left(\arctan \dfrac{1}{x} \right) \Big|_{-1}^{1} = -\dfrac{\pi}{2}$。 (　　)

5. $\int_{1}^{e} \ln x \, \mathrm{d}x \leqslant \int_{1}^{e} (\ln x)^2 \, \mathrm{d}x$。 (　　)

6. 若 $f(x)$ 是奇函数，则 $\int_{0}^{x} f(t) \, \mathrm{d}t$ 是偶函数。 (　　)

7. 若 $f(x)$ 是偶函数，则 $\int_{0}^{x} f(t) \, \mathrm{d}t$ 是奇函数。 (　　)

8. 若函数 $f(x)$ 在区间 $[a,b]$ 上有原函数，则 $f(x)$ 在区间 $[a,b]$ 上一定可积。 (　　)

9. 设 $f(x)$ 在 $[a,b]$ 上连续且 $f(x) \geqslant 0$，若 $\int_{a}^{b} f(x) \, \mathrm{d}x = 0$，则在 $[a,b]$ 上 $f(x) \equiv 0$。 (　　)

10. $\int_{-1}^{1} f(x) \, \mathrm{d}x = 0$ 成立的充分必要条件是函数 $f(x)$ 在区间 $[-1,1]$ 上的连续奇函数。 (　　)

(三) 填空题

1. 设函数在 $(-\infty, +\infty)$ 上连续，则 $\mathrm{d} \int_{a}^{x} f(t) \, \mathrm{d}t =$ _____。

2. 利用定积分的几何意义计算 $\int_{0}^{2} \sqrt{4-x^2} \, \mathrm{d}x =$ _____。

3. $\int_{-2}^{2} (x^2 + x^3 \sqrt{4-x^2}) \, \mathrm{d}x =$ _____。

4. $\int_{-\frac{\pi}{2}}^{\frac{\pi}{2}} \left(\dfrac{\arctan^3 x}{\sqrt{1+x^2}} + \cos x \right) \mathrm{d}x =$ _____。

5. $\int_{-1}^{2} |x-1| \, \mathrm{d}x =$ _____。

6. $\int_{0}^{\frac{\pi}{2}} \cos^3 x \cdot \sin x \, \mathrm{d}x =$ _____。

7. $\int_{\frac{\pi}{4}}^{\frac{\pi}{2}} (1 + \sin^2 x) \, \mathrm{d}x$ 的取值范围是 _____。

8. $\lim\limits_{n \to \infty} \dfrac{1}{n} \sum\limits_{i=1}^{n} \sqrt{1 + \dfrac{i}{n}} =$ _____。

9. 若 $f(x)$ 在区间 $[1,3]$ 上连续，并且在该区间的平均值为 3，$\int_{1}^{3} f(x) \, \mathrm{d}x =$ _____。

(四) 计算题

1. 求极限 $\lim\limits_{x \to 0} \dfrac{\displaystyle\int_{0}^{x^2} t \sin t \, \mathrm{d}t}{\ln(1+t^6)}$。

2. 求极限 $\lim\limits_{x \to 0} \dfrac{\int_0^x 2t\cos t\, \mathrm{d}t}{1-\cos x}$。

3. 求由参数表达式 $x = \int_0^t \sin u\, \mathrm{d}u$，$y = \int_0^t \cos u\, \mathrm{d}u$ 所确定的函数对 x 的导数。

4. 求由 $\int_0^y e^t\, \mathrm{d}t + \int_0^x \cos t\, \mathrm{d}t = 0$ 所确定的隐函数对 x 的导数 $\dfrac{\mathrm{d}y}{\mathrm{d}x}$。

5. 计算下列定积分

（1）$\int_0^1 \dfrac{x^4}{x^2+1}\mathrm{d}x$。
　　　　　　　　　　（2）$\int_0^\pi \sin^2 \dfrac{x}{2}\mathrm{d}x$。

（3）$\int_1^e \dfrac{1}{x(1+\ln^2 x)}\mathrm{d}x$。
　　　　　　　（4）$\int_0^1 x\arctan x\, \mathrm{d}x$。

（5）$\int_0^{\frac{\pi}{4}} \sec^4 x\, \mathrm{d}x$。

6. 已知函数 $f(x) = \begin{cases} x, & x < 1 \\ x^2, & x \geqslant 1 \end{cases}$，求 $\int_0^x f(t)\, \mathrm{d}t$。

（五）证明题

1. $\int_0^{\frac{\pi}{2}} f(\sin x)\, \mathrm{d}x = \int_0^{\frac{\pi}{2}} f(\cos x)\, \mathrm{d}x$。

2. 已知函数 $f(x)$ 在区间 $[a,\ b]$ 上连续，设 $\varphi(x) = \int_a^x (x-t)^2 f(t)\, \mathrm{d}t$，$x \in [a,\ b]$，证明：$\varphi'(x) = 2\int_a^x (x-t)f(t)\, \mathrm{d}t$。

3. 设函数 $f(x)$ 在区间 $[a,\ b]$ 上连续，且 $f(x) > 0$，$F(x) = \int_a^x f(t)\, \mathrm{d}t + \int_b^x \dfrac{\mathrm{d}t}{f(t)}$，$x \in [a,\ b]$，证明：$F'(x) \geqslant 2$。

B 题

（一）选择题

1. 定积分 $\int_{-\pi}^{\pi} \dfrac{x^2 \sin x}{1+x^2}\mathrm{d}x$ 等于（　　　）。

A. 2　　　　　　　B. 1　　　　　　　C. 0　　　　　　　D. 1

2. 设函数 $f(x)$ 在区间 $[a,\ b]$ 上连续，则 $\int_a^b f(x)\, \mathrm{d}x - \int_a^b f(t)\, \mathrm{d}t$（　　　）。

A. 小于零　　　　B. 等于零　　　　C. 大于零　　　　D. 不确定

3. 设 $P = \int_0^{\frac{\pi}{2}} \sin^2 x\, \mathrm{d}x$，$Q = \int_0^{\frac{\pi}{2}} \cos^2 x\, \mathrm{d}x$，$R = \dfrac{1}{2}\int_{-\frac{\pi}{2}}^{\frac{\pi}{2}} \sin^2 x\, \mathrm{d}x$，则（　　　）。

A. $P = Q = R$　　　B. $P = Q < R$　　　C. $P < Q < R$　　　D. $P > Q > R$

4. $\dfrac{\mathrm{d}}{\mathrm{d}x}\displaystyle\int_a^b \arctan x\,\mathrm{d}x = ($　　$)$。

A. $\arctan x$ 　　　　B. $\dfrac{1}{1+x^2}$ 　　　　C. $\arctan b-\arctan a$ 　　D. 0

5. 下列式子正确的是($　　$)。

A. $\displaystyle\int_0^1 e^x\,\mathrm{d}x < \int_0^1 e^{x^2}\,\mathrm{d}x$ 　　B. $\displaystyle\int_0^1 e^x\,\mathrm{d}x > \int_0^1 e^{x^2}\,\mathrm{d}x$ 　　C. $\displaystyle\int_0^1 e^x\,\mathrm{d}x = \int_0^1 e^{x^2}\,\mathrm{d}x$ 　　D. 以上都不对

6. 设 $f(x)$ 在 $[0,1]$ 上连续，令 $t=2x$，则 $\displaystyle\int_0^1 f(2x)\,\mathrm{d}x = ($　　$)$。

A. $\displaystyle\int_0^2 f(t)\,\mathrm{d}t$ 　　　　B. $\dfrac{1}{2}\displaystyle\int_0^1 f(t)\,\mathrm{d}t$ 　　　　C. $2\displaystyle\int_0^2 f(t)\,\mathrm{d}t$ 　　　　D. $\dfrac{1}{2}\displaystyle\int_0^2 f(t)\,\mathrm{d}t$

7. 设 $f(x)$ 在 $[-a,a]$ 上连续，则定积分 $\displaystyle\int_{-a}^a f(-x)\,\mathrm{d}x = ($　　$)$。

A. 0 　　　　B. $2\displaystyle\int_0^a f(x)\,\mathrm{d}x$ 　　　　C. $-\displaystyle\int_{-a}^a f(x)\,\mathrm{d}x$ 　　　　D. $\displaystyle\int_{-a}^a f(x)\,\mathrm{d}x$

8. 设函数 $f(x)$ 在区间 $[a,b]$ 上连续，则不正确的是($　　$)。

A. $\displaystyle\int_a^b f(x)\,\mathrm{d}x$ 是 $f(x)$ 的一个原函数 　　　　B. $\displaystyle\int_a^x f(t)\,\mathrm{d}t$ 是 $f(x)$ 的一个原函数

C. $\displaystyle\int_x^b f(t)\,\mathrm{d}t$ 是 $-f(x)$ 的一个原函数 　　　　D. $f(x)$ 在区间 $[a,b]$ 上可积

(二) 填空题

1. 当 $b\neq 0$ 时，$\displaystyle\int_1^b \ln x\,\mathrm{d}x = 1$，则 $b=$ _____。

2. $\displaystyle\int_{\frac{1}{2}}^1 \dfrac{1}{x^2}e^{\frac{1}{x}}\,\mathrm{d}x =$ _____。

3. $\displaystyle\int_{-\frac{1}{2}}^0 (2x+1)^{99}\,\mathrm{d}x =$ _____。

4. 设 $f(x)$ 为连续函数，则 $\displaystyle\int_{-a}^a x^2[f(x)-f(-x)]\,\mathrm{d}x =$ _____。

5. 设 $F(x)=\displaystyle\int_0^x t\cos^2 t\,\mathrm{d}t$，则 $F'\left(\dfrac{\pi}{4}\right)=$ _____。

(三) 计算题

1. $\displaystyle\lim_{x\to 0}\dfrac{\displaystyle\int_0^{\sin x}\sqrt{\tan t}\,\mathrm{d}t}{\displaystyle\int_0^{\tan x}\sqrt{\sin t}\,\mathrm{d}t}$。

2. $\displaystyle\lim_{x\to +\infty}\dfrac{\displaystyle\int_0^x (\arctan t)^2\,\mathrm{d}t}{\sqrt{x^2+1}}$。

3. $\int_0^4 \dfrac{1}{1+\sqrt{x}}dx$。

4. $\int_0^1 \dfrac{1}{x^2+x+1}dx$。

5. $\int_0^2 \sqrt{x^2-4x+4}\,dx$。

6. $\int_0^{\frac{3}{4}} \dfrac{x+1}{\sqrt{x^2+1}}dx$。

7. $\int_{-1}^1 (x^3-x+1)\sin^2 x\,dx$。

8. $\int_0^1 \dfrac{1}{\sqrt{4+5x}-1}dx$。

9. 已知 xe^x 为 $f(x)$ 的一个原函数，求 $\int_0^1 xf'(x)\,dx$。

10. 设 $y=\int_0^x te^{-t}dt$，求该函数的极值和对于曲线的拐点。

11. 设 $g(x)$ 是连续函数，$\int_0^{x^2-1} g(t)\,dt=-x$，求 $g(3)$。

第八章　定积分的应用

一、目的要求

（1）理解微元法的基本思想；

（2）掌握直角坐标系下的平面图形面积的计算，理解极坐标系下、参数方程表示的函数图形的面积；

（3）掌握直角坐标系下旋转体的体积、平面截面面积已知的立体体积的计算；

（4）掌握平面曲线弧长的计算。

二、内容结构

三、知识梳理

（一）定积分的微元法

若某一问题中所求的量 U 满足如下的条件：（1）U 是一个与变量 x 的变化区间 $[a, b]$ 有关的变量；（2）U 对于区间 $[a, b]$ 具有可加性。若把区间 $[a, b]$ 分成许多部分区间，则 U 相应地分成许多部分量，而 U 等于所有部分量之和；（3）部分量 ΔU_i 的近似值可表示为 $f(\xi_i)\Delta x_i$；此时，可以考虑用定积分来表示所求的量 U，分为如下的步骤：（1）确定积分变量 x 和积分区间 $[a, b]$；（2）将 $[a, b]$ 分成 n 个小区间，任取某一小区间 $[x, x+\mathrm{d}x]$，部分量 $\Delta U \approx f(x)\mathrm{d}x$，记作 $\mathrm{d}U=f(x)\mathrm{d}x$；（3）以所求量 U 的元素 $f(x)\mathrm{d}x$ 为被积表达式，在区间 $[a, b]$ 上作定积分，得 $U=\int_a^b f(x)\mathrm{d}x$，这就是所求量 U 的积分表达式。

这个方法通常称为微元法。本章中将应用该方法计算几何中的一些问题。

（二）平面图形的面积

1. 直角坐标情形

（1）一条曲线与坐标轴围成的图形的面积。平面内连续曲线 $y=f(x)$ 与直线 $x=a$，$x=b$

及 x 轴围成的图形的面积为 $A = \int_a^b |f(x)| \mathrm{d}x$。

（2）两条曲线围成的图形的面积。若平面图形由连续曲线 $y=f(x)$ 和 $y=g(x)$ 及直线 $x=a$，$x=b$ 围成，则图形的面积为 $A = \int_a^b |f(x)-g(x)| \mathrm{d}x$；若平面图形由连续曲线 $x=\varphi(y)$ 和 $x=\varphi(y)$ 及直线 $x=c$，$x=d$ 围成，则图形的面积为 $A = \int_c^d |\varphi(y)-\varphi(y)| \mathrm{d}y$。

2. 极坐标情形

由曲线 $\rho=\rho(\theta)$ 及射线 $\theta=\alpha$，$\theta=\beta$ 围成的平面图形的面积为 $A = \int_\alpha^\beta \frac{1}{2}[\rho(\theta)]^2 \mathrm{d}\theta$。

其中 $\rho(\theta)$ 在 $[\alpha, \beta]$ 上连续，且 $\varphi(\theta) \geq 0$。

3. 参数表示的情形

由参数方程 $\begin{cases} x=\varphi(t) \\ y=\phi(t) \end{cases}$，$t \in [\alpha, \beta]$ 所围成的平面图形的面积为 $A = \int_\alpha^\beta \phi(t)\varphi'(t)\mathrm{d}t$。

（三）立体体积

1. 旋转体的体积

（1）由连续曲线 $y=f(x)$ 与直线 $x=a$，$x=b$ 及 x 轴围成的平面图形绕 x 轴旋转一周所得的旋转体的体积 $V = \int_a^b \pi[f(x)]^2 \mathrm{d}x$；

（2）由连续曲线 $x=\varphi(y)$ 和直线 $y=c$，$y=d$ 及 y 轴围成的平面图像绕 y 轴旋转一周所得的旋转体的体积 $V = \int_c^d \pi[\varphi(y)]^2 \mathrm{d}y$。

2. 平行截面面积为已知的立体体积

若一个立体不是旋转体，该立体在过点 $x=a$，$x=b$ 且垂直于 x 轴的两个平面之间，$A(x)$ 表示过点 x 且垂直于 x 轴的截面面积，则该立体的体积 $V = \int_a^b A(x)\mathrm{d}x$。

（四）平面曲线的弧长

1. 直角坐标情形

（1）曲线弧 $y=f(x)$ $(a \leq x \leq b)$，$f(x)$ 在 $[a, b]$ 上具有一阶连续导数，则该曲线弧长 $s = \int_a^b \sqrt{1+[f'(x)]^2} \mathrm{d}x$；

（2）曲线弧 $x=\varphi(y)$ $(c \leq y \leq d)$，$\varphi(y)$ 在 $[c, d]$ 上具有一阶连续导数，则该曲线弧长 $s = \int_c^d \sqrt{1+[\varphi'(y)]^2} \mathrm{d}y$。

2. 参数表示情形

曲线弧由参数方程 $\begin{cases} x=\varphi(t) \\ y=\phi(t) \end{cases}$，$t \in [\alpha, \beta]$ 给出，且 $\varphi(t)$、$\phi(t)$ 在 $[\alpha, \beta]$ 上具有一阶连续导数，则该曲线弧长 $s = \int_\alpha^\beta \sqrt{[\varphi'(t)]^2+[\phi'(t)]^2} \mathrm{d}t$。

四、精选例题

例 1　求由曲线 $y^2=x$，$y^2=4x$ 及直线 $x=1$ 所围成的平面图形的面积。

分析：计算直角坐标情形下的平面图形的步骤如下：

（1）作图，计算出交点坐标；

（2）选择积分变量，确定积分区间；

（3）利用微元法，求出面积微元 dA；

（4）将面积微元 dA 在积分区间积分，所得结果即为平面图形的面积。

解：（1）由 $\begin{cases} y^2=x, \\ y^2=4x, \\ x=1, \end{cases}$ 得图形的交点为 $(0，0)$，$(1，2)$，$(1，1)$；

（2）选择 x 为积分变量，积分区间为 $[0，1]$；

（3）求面积微元。由于该平面图形具有对称性，计算 x 轴上方图形面积即可，记作 A_1，则整个图形的面积 $A=2A_1$ 在区间 $[0，1]$ 上任取小区间 $[x，x+dx]$，所得窄矩形面积微元的高为 $\sqrt{4x}-\sqrt{x}$，底为 dx，从而面积微元为 $dA_1=(\sqrt{4x}-\sqrt{x})dx=\sqrt{x}\,dx$；

（4）$A=2A_1=2\int_0^1(\sqrt{4x}-\sqrt{x})dx=2\int_0^1\sqrt{x}\,dx=\dfrac{4}{3}$。

例 2　求由双曲线 $y=\dfrac{1}{x}$，直线 $y=x$，$y=2x$ 所围成图形在第一象限部分的面积。

解：由 $\begin{cases} y=\dfrac{1}{x} \\ y=x \\ y=2x \end{cases}$，得交点坐标为 $(0，0)$，$(1，1)$，$\left(\dfrac{\sqrt{2}}{2}，\sqrt{2}\right)$；

方法一：（1）选择 y 为积分变量，积分区间为 $[0，\sqrt{2}]=[0，1]\cup[1，\sqrt{2}]$。

（2）求面积微元。在区间 $[0，1]$ 上任取小区间 $[y，y+dy]$，所得窄矩形的面积微元的底为 $y-\dfrac{y}{2}$，高为 dy，则面积微元为 $dA_1=\left(y-\dfrac{y}{2}\right)dy$。在区间 $[1，\sqrt{2}]$ 上任取小区间 $[y，y+dy]$，所得窄矩形的面积微元的底为 $\dfrac{1}{y}-\dfrac{y}{2}$，高为 dy，则面积微元 $dA_2=\left[\dfrac{1}{y}-\dfrac{y}{2}\right]dy$。

（3）$A=A_1+A_2=\int_0^1\left[y-\dfrac{y}{2}\right]dy+\int_1^{\sqrt{2}}\left[\dfrac{1}{y}-\dfrac{y}{2}\right]dy=\dfrac{1}{2}\ln 2$。

方法二：（1）选取 x 为积分变量，积分区间为 $[0，1]=\left[0，\dfrac{\sqrt{2}}{2}\right]\cup\left[\dfrac{\sqrt{2}}{2}，1\right]$。

（2）求面积微元。在区间 $\left[0，\dfrac{\sqrt{2}}{2}\right]$ 上任取小区间 $[x，x+dx]$，所得窄矩形的面积微元的底高为 $2x-x$，底为 dx，则面积微元为 $dA_1=(2x-x)dx$。在区间 $\left[\dfrac{\sqrt{2}}{2}，1\right]$ 上任取小区间 $[x，x+dx]$，所得窄矩形的面积微元的高为 $\dfrac{1}{x}-x$，底为 dx，则面积微元 $dA_2=\left[\dfrac{1}{x}-x\right]dx$。

（3）$A=A_1+A_2=\int_0^{\frac{\sqrt{2}}{2}}\left[2x-x\right]\mathrm{d}x+\int_{\frac{\sqrt{2}}{2}}^1\left[\frac{1}{x}-x\right]\mathrm{d}x=\frac{1}{2}\ln2$。

注：本题的难点在于面积微元的选取，选取的面积微元一定要能够代表图形的特点，因此本题中分为两部分选取面积微元。

例3 求抛物线 $y=-x^2+4x-3$ 及其点$(0，-3)$和$(3，0)$处的切线所围成的图形的面积。

解：（1）$y'=-2x+4$，$y'(0)=4$，$y'(3)=-2$，故在$(0，-3)$处的切线方程为$y+3=4x$，即 $y=4x-3$，在$(3，0)$处的切线方程为$y-0=-2(x-3)$，即$y=-2x+6$。

（2）由抛物线 $y=-x^2+4x-3$ 和直线 $y=4x-3$、$y=-2x+6$ 围成的图形的交点为$(0，-3)$，$\left(\frac{3}{2}，3\right)$，$(3，0)$。

（3）选取 x 为积分变量，积分区间为$[0，3]=\left[0，\frac{3}{2}\right]\cup\left[\frac{3}{2}，3\right]$。

（4）在$\left[0，\frac{3}{2}\right]$上任取小区间$[x，x+\mathrm{d}x]$，面积微元 $\mathrm{d}A_1=[4x-3-(-x^2+4x-3)]\mathrm{d}x$，在 $\left[\frac{3}{2}，3\right]$上任取小区间$[x，x+\mathrm{d}x]$，面积微元 $\mathrm{d}A_2=[-2x+6-(-x^2+4x-3)]\mathrm{d}x$。

（5）$A=A_1+A_2=\int_0^{\frac{3}{2}}\left[4x-3-(-x^2+4x-3)\right]\mathrm{d}x+\int_{\frac{3}{2}}^3\left[-2x+6-(-x^2+4x-3)\right]\mathrm{d}x$

$=\int_0^{\frac{3}{2}}x^2\mathrm{d}x+\int_{\frac{3}{2}}^3\left[x^2-6x+9\right]\mathrm{d}x=\frac{27}{4}$。

例4 求极坐标方程 $r=1+\cos\theta(0\leq\theta<2\pi)$ 所围成图形的面积。

分析：极坐标情形下的图形面积为 $A=\int_\alpha^\beta\frac{1}{2}\left[\rho(\theta)\right]^2\mathrm{d}\theta$。

解：$A=\int_0^{2\pi}\frac{1}{2}(1+\cos\theta)^2\mathrm{d}\theta=\frac{1}{2}\int_0^{2\pi}(1+2\cos\theta+\cos^2\theta)\mathrm{d}\theta$

$=\frac{1}{2}\int_0^{2\pi}\mathrm{d}\theta+\int_0^{2\pi}\cos\theta\mathrm{d}\theta+\frac{1}{4}\int_0^{2\pi}(1+\cos2\theta)\mathrm{d}\theta$

$=\pi+\left[\sin\theta\right]_0^{2\pi}+\frac{1}{4}\cdot2\pi+\frac{1}{8}\left[\sin2\theta\right]_0^{2\pi}$

$=\frac{3\pi}{2}$。

例5 求星形线 $\begin{cases}x=a\cos^3t\\y=a\sin^3t\end{cases}$，所围成图形的面积，其中 $a>0$ 的常数，t 为参数。

分析：由参数方程 $\begin{cases}x=\varphi(t)\\y=\phi(t)\end{cases}$，$t\in[\alpha，\beta]$所围成的平面图形的面积为 $A=\int_\alpha^\beta\phi(t)\varphi'(t)\mathrm{d}t$。

解：由图形的对称性可知，$A=4A_1$，其中 A_1 为第一象限内图形的面积。当 $x=0$ 时，$t=\frac{\pi}{2}$，当 $x=a$ 时，$t=0$。故

$$A = 4A_1 = 4 \int_{\frac{\pi}{2}}^0 a\sin^3 t \cdot (-3a\cos^2 t \cdot \sin t)\,dt$$

$$= 12 \int_0^{\frac{\pi}{2}} \sin^4 t \cdot \cos^2 t\,dt = 12 \int_0^{\frac{\pi}{2}} (\sin^4 t - \sin^6 t)\,dt$$

$$= 12a^2 \left[\frac{3}{4} \cdot \frac{1}{2} \cdot \frac{\pi}{2} - \frac{5}{6} \cdot \frac{3}{4} \cdot \frac{1}{2} \cdot \frac{\pi}{2} \right]$$

$$= \frac{3}{8}\pi a^2 \text{。}$$

例 6　计算由椭圆 $\frac{x^2}{a^2} + \frac{y^2}{b^2} = 1$ 所围成的图形绕 x 轴旋转一周而成的旋转体的体积。

分析：计算旋转体的体积步骤如下（1）确定平面图形；（2）选择积分变量，确定积分区间；（3）利用微元法，求体积微元；（4）计算体积微元在积分区间的积分值。

解：（1）该旋转体可看成有半个椭圆 $y = \frac{b}{a}\sqrt{a^2 - x^2}$ 及 x 轴围成的图形绕 x 轴旋转一周而成的立体。

（2）选择 x 为积分变量，积分区间为 $[-a, a]$。

（3）在区间 $[-a, a]$ 上任取一个小区间 $[x, x+dx]$，所得的薄片的体积近似于底面半径为 $\frac{b}{a}\sqrt{a^2 - x^2}$、高为 dx 的扁圆柱体的体积，即体积微元 $dV = \frac{\pi b^2}{a^2}(a^2 - x^2)\,dx$。

（4）旋转体的体积 $V = \int_{-a}^a dV = \int_{-a}^a \pi \frac{b^2}{a^2}(a^2 - x^2)\,dx = \pi \frac{b^2}{a^2}\left[a^2 x - \frac{x^3}{3} \right]_{-a}^a = \frac{4}{3}\pi ab^2$。

例 7　求曲线 $y = x^2$ 与 $y = 8 - x^2$ 所围成的图形绕 x 轴旋转一周而成的旋转体的体积。

分析：本题的旋转体可看成是曲线 $y = 8 - x^2$ 绕 x 轴旋转一周而成的旋转体的体积减去曲线 $y = x^2$ 绕 x 轴旋转一周而成的旋转体的体积。

解：（1）由 $\begin{cases} y = x^2 \\ y = 8 - x^2 \end{cases}$，得曲线的交点坐标为 $(2, 4)$，$(-2, 4)$。

（2）选择 x 为积分变量，积分区间为 $[-2, 2]$。

（3）在区间 $[-2, 2]$ 上任取一个小区间 $[x, x+dx]$，体积微元 $dV = \pi(8 - x^2)^2 dx - \pi x^4 dx$。

（4）旋转体的体积 $V = \int_{-2}^2 \pi \left[(8 - x^2)^2 - x^4 \right] dx = 2\pi \int_0^2 \left[64 - 16x^2 \right] dx = 2\pi \left[64 - \frac{16}{3}x^3 \right]_0^2 = \frac{512\pi}{3}$。

例 8　求以半径为 R 的圆为底，平行且等于底圆直径的线段为顶、高为 h 的正劈锥体的体积。

分析：求解本题的关键是找到平行截面面积的表达式 $A(x)$。

解：取底圆所在的平面为 xOy 平面，圆心 O 为原点，并使 x 轴与正劈锥的顶平行（如图 8-1）。底圆的方程为 $x^2 + y^2 = R^2$。过 x 轴上的点 x（$-R \leqslant x \leqslant R$）作垂直于 x 轴的平面，截正劈锥体得等腰三角形，截面面积为 $A(x) = h \cdot y = h\sqrt{R^2 - x^2}$，故所求的正劈锥体得体积为

$$V = \int_{-R}^R A(x)\,dx = \int_{-R}^R h\sqrt{R^2 - x^2}\,dx = h \int_{-R}^R \sqrt{R^2 - x^2}\,dx = \frac{\pi R^2 h}{2}\text{。}$$

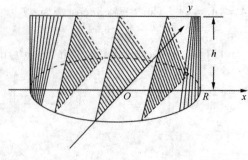

图 8-1

例 9 计算曲线 $y = \dfrac{2}{3} x^{\frac{3}{2}}$ 上相应于 $a \leqslant x \leqslant b$ 的一段弧的长度。

解：$y' = x^{\frac{1}{2}}$，从而弧长

$$s = \int_a^b \sqrt{1 + \left[x^{\frac{1}{2}} \right]^2}\, \mathrm{d}x = \int_a^b \sqrt{1+x}\, \mathrm{d}x = \left[\frac{2}{3} (1+x)^{\frac{3}{2}} \right]_a^b$$

$$= \frac{2}{3} \left[(1+b)^{\frac{3}{2}} - (1+a)^{\frac{3}{2}} \right]。$$

五、强化练习

A 题

(一) 选择题

1. 设 $f(x)$ 在区间 $[a, b]$ 上连续，则曲线 $y = f(x)$ 与直线 $x = a$，$x = b$ 和 x 轴所围成的图形的面积为（　　　）。

A. $\displaystyle\int_a^b f(x)\, \mathrm{d}x$　　　　B. $\left| \displaystyle\int_a^b f(x)\, \mathrm{d}x \right|$　　　　C. $\displaystyle\int_a^b |f(x)|\, \mathrm{d}x$　　　　D. 不确定

2. 由 x 轴、y 轴及抛物线 $y = (x+1)^2$ 所围成的平面图形的面积为（　　　）。

A. $\displaystyle\int_0^1 (x+1)^2 \mathrm{d}x$　　B. $\displaystyle\int_1^0 (x+1)^2 \mathrm{d}x$　　C. $\displaystyle\int_0^{-1} (x+1)^2 \mathrm{d}x$　　D. $\displaystyle\int_{-1}^0 (x+1)^2 \mathrm{d}x$

3. 由曲线 $y = e^x$，直线 $y = x$，$x = 1$ 及 y 轴所围成的图形的面积为（　　　）。

A. $e - \dfrac{3}{2}$　　　　B. $e - \dfrac{1}{2}$　　　　C. $e - 1$　　　　D. e

4. 曲线 $y = x^2$ 与 $x = 1$ 及 x 轴所围成的图形绕 x 轴旋转所形成的旋转体的体积为（　　　）。

A. $\dfrac{\pi}{2}$　　　　B. $\dfrac{\pi}{3}$　　　　C. $\dfrac{\pi}{4}$　　　　D. $\dfrac{\pi}{5}$

5. 曲线 $(x-2)^2 + y^2 = 1$ 绕 x 轴旋转一周所形成的旋转体的体积为（　　　）。

A. $\dfrac{4\pi}{3}$　　　　B. 4π　　　　C. 8π　　　　D. 16π

6. 由抛物线 $y = x^2$ 和直线 $x + y = 2$ 所围成的图形的面积为（　　　）。

A. $\dfrac{5}{2}$　　　　　B. $\dfrac{7}{2}$　　　　　C. $\dfrac{9}{2}$　　　　　D. $\dfrac{11}{2}$

7. 椭圆 $\dfrac{x^2}{a^2}+\dfrac{y^2}{b^2}=1$ 绕 x 轴旋转一周所形成的旋转体的体积为(　　)。

A. $\dfrac{4}{3}\pi a^2 b$　　　　B. $\dfrac{4}{3}\pi ab^2$　　　　C. $\dfrac{4}{3}\pi ab$　　　　D. $4\pi a^2 b$

8. 曲线 $\rho=2a\cos\theta$ 所围成的图形的面积为(　　)。

A. $2\pi a$　　　　B. πa^2　　　　C. $\dfrac{\pi}{2}a^2$　　　　D. $2\pi a^2$

9. 由直线 $y=0$, $x=e$ 及曲线 $y=\ln x$ 所围成平面图形的面积为(　　)。

A. e　　　　B. $e-1$　　　　C. $2e+1$　　　　D. 1

10. 曲线 $\dfrac{x^2}{a^2}+\dfrac{y^2}{b^2}=1$ 所围成的图形的面积为(　　)。

A. ab　　　　B. $\dfrac{4}{3}\pi ab$　　　　C. πab　　　　D. $\pi a^2 b$

(二) 填空题

1. 计算由曲线 $y=\ln x$，直线 $x=1$ 及 $y=1$ 所围成平面图形的面积时，若选取 y 为积分变量，则面积的积分表达式为＿＿＿＿。

2. 计算由曲线 $y=\cos x\,(0\le x\le 2\pi)$ 及 x 轴围成的平面图形的面积时，若选取 x 为积分变量，则面积的积分表达式为＿＿＿＿。

3. 计算由曲线 $y=x^3$ 及 $y=2x$ 围成平面图形时，若选取 x 为积分变量，则面积的积分表达式为＿＿＿＿；若选取 y 为积分变量，则面积的积分表达式为＿＿＿＿。

4. 计算由曲线 $y^2=x$ 与直线 $y=x-2$ 所围成的平面图形的面积时，选取＿＿＿＿为积分变量，计算过程比较简单。

5. 计算由曲线 $y=e^x$，$y=e^{-x}$ 及直线 $x=0$，$x=1$ 所围成的图形绕 x 轴旋转一周所形成的旋转体的体积时，若选取 x 为积分变量，则旋转体的体积的积分表达式为＿＿＿＿。

(三) 判断题(正确的填写 T，错误的填写 F)

1. 曲线 $y=e^{-x}$ 及直线 $y=0$, $x=0$, $x=1$ 所围成图像的面积为 $1-e^{-1}$。(　　)

2. 曲线 $y=\sin x\,(0\le x\le\pi)$ 和 x 轴所围成的平面图形绕 x 轴旋转所得的旋转体的体积为 $\pi\displaystyle\int_0^\pi \sin^2 x\,\mathrm{d}x$。(　　)

3. $y=x^2\,(0\le x\le 1)$ 的弧长 $s=\displaystyle\int_0^1 \sqrt{1+4x^2}\,\mathrm{d}x$。(　　)

(四) 计算题

1. 求由下列各组曲线所围成的图形的面积：

(1) $xy=1$, $y=x$, $x=3$ 及 x 轴；

(2) $y=e^x$, $y=e^{-x}$ 及 $x=1$；

(3) $y=x^2-2x+3$，$y=x+3$；

(4) $y=\dfrac{1}{x}$，$y=4x$，$x=2$；

(5) $y=x^2$，$y^2=x$。

2. 求当 $c(0<c<1)$ 为何值时，曲线 $y=x^2$ 与 $y=cx^3$ 所围成的图形的面积为 $\dfrac{2}{3}$。

3. 设曲线 C：$y=\sqrt{x}$ 与直线 L：$y=x$ 围成平面图形 D，求(1)图形 D 的面积；(2)图形 D 绕 x 轴旋转一周所得旋转体的体积。

4. 设曲线 C：$y=x^2-x$ 与 x 轴围成的平面图形 D，求(1)图形 D 的面积；(2)图形 D 绕 x 轴旋转一周所得旋转体的体积。

5. 已知函数 $y=y(x)$ 由参数方程 $\begin{cases} x=2(t-\sin t) \\ y=2(1-\cos t) \end{cases}$ $(0\leqslant t\leqslant 2\pi)$ 所确定，求该曲线与 x 轴所围成的图形的面积。

B 题

(一) 计算题

1. 求 $y_1=\sin x$，$y_2=\cos x$，$x=0$，$x=\dfrac{\pi}{2}$ 所围成图形的面积。

2. 求抛物线 $y=\sqrt{2x}$ 上的一点 $M(2，2)$ 作切线 MT。

(1) 求由抛物线 $y=\sqrt{2x}$，切线 MT 及 x 轴所围成图形的面积；

(2) 求该图形绕 x 轴旋转一周所得旋转体体积。

3. 设平面图形 D 由抛物线 $y=1-x^2$ 和 x 轴围成，试求：

(1) D 的面积；

(2) D 绕 x 轴旋转所得旋转体的体积；

(3) D 绕 y 轴旋转所得旋转体的体积。

4. 求曲线 $y=\ln\cos x$，在 $0\leqslant x\leqslant\dfrac{\pi}{4}$ 一段的弧长。

高等数学自测题

自测题一（微分学）

（一）选择题

1. 数列 $\{x_n\}$ 有界是数列 $\{x_n\}$ 收敛的（　　　）。

A. 充分非必要条件　　　B. 必要非充分条件　　　C. 充要条件　　　D. 非充分也必要条件

2. 已知函数 $f(x)=\dfrac{1+e^{\frac{1}{x}}}{2+3e^{\frac{1}{x}}}$，则 $x=0$ 是 $f(x)$ 的（　　　）。

A. 连续点　　　　　B. 可去间断点　　　　C. 跳跃间断点　　D. 第二类间断点

3. 设函数 $f(x)=\begin{cases}\dfrac{2}{3}x^2, & x\leqslant 1 \\ x^2, & x>1\end{cases}$，则 $f(x)$ 在点 $x=1$ 处的（　　　）。

A. 左、右导数都存在　　　　　　　　　　B. 左导数存在，右导数不存在

C. 左、右导数都不存在　　　　　　　　　D. 左导数不存在，但右导数存在

4. 设函数 $f(x)$ 在 x_0 处可导，且 $f'(x_0)=1$，则 $\lim\limits_{h\to 0}\dfrac{f(x_0+3h)-f(x_0-h)}{h}=$（　　　）。

A. 1　　　　　　　B. 2　　　　　　　C. 3　　　　D. 4

5. 设 $f(x)$ 在 x_0 处可导，则 $f'(x_0)=0$ 是 $f(x)$ 在 x_0 处取得极值的（　　　）。

A. 充分条件　　　　　　　　　　　B. 必要条件

C. 充要条件　　　　　　　　　　　D. 非充分也非必要条件

（二）填空题

1. 已知极限 $\lim\limits_{x\to 0}(1+ax)^{\frac{1}{x}}=e^3\ (a\neq 0)$，则 $a=$ _____。

2. 设函数 $f(x)=\begin{cases}x\sin\dfrac{1}{x}, & x\neq 0 \\ a, & x=0\end{cases}$，在 $(-\infty,\ +\infty)$ 内连续，则 $a=$ _____。

3. $\displaystyle\int\dfrac{1}{1+x^2}\mathrm{d}x=$ _____。

4. 曲线 $y=xe^{-3x}$ 的凸区间为 _____。

5. 设 $f''(x)$ 存在，$y=\ln[f(x)]$，则 $y''=$ _____。

（三）计算题

1. $\lim\limits_{x\to 0}\dfrac{x-\sin x}{\ln(1+x^3)}$。

2. $\lim\limits_{x\to\infty}\left(\dfrac{x+7}{x-1}\right)^{x}$。

3. $\lim\limits_{x\to\infty}\dfrac{\ln(1+x^2)}{\ln(1+x^4)}$。

4. $\lim\limits_{x\to0}\left(\dfrac{1}{x\sin x}-\dfrac{1}{x\tan x}\right)$。

5. 设函数 $y=y(x)$ 是由方程 $y^3-x^2+xy+y^2=0$ 所确定的隐函数，求 y'。

6. 求函数 $y=(x^2+1)e^{-x}(x\geqslant0)$ 的最大值。

7. 求函数 $y=2x^2-\ln x$ 的单调区间以及极值。

（四）讨论题

讨论函数 $f(x)=\begin{cases}\dfrac{1-\cos2x}{x}, & x\neq0 \\ 0, & x=0\end{cases}$，在 $x=0$ 处的连续性与可导性。

（五）证明题

试证：当 $x>0$ 时，$\arctan x>x-\dfrac{x^3}{3}$。

（六）应用题

求曲线 $xy=e^x-e$ 在点 $(1，0)$ 处的切线方程与法线方程。

自测题二（微分学）

（一）选择题

1. "函数 $f(x)$ 在点 $x=x_0$ 处连续" 是 "函数 $f(x)$ 在点 $x=x_0$ 处有极限" 的（　　）。

A. 充分条件　　　B. 必要条件　　　C. 充要条件　　　D. 既非充分也非必要条件

2. 设 $f(x)=\dfrac{e^x-1}{|x|}$，则 $x=0$ 是 $f(x)$ 的（　　）。

A. 连续点　　　B. 可去间断点　　　C. 跳跃间断点　　　D. 第二类间断点

3. 函数 $f(x)=\begin{cases}x-1, & x<0 \\ 1, & x=0，在 x=0 处（　　）。 \\ \sqrt{1-x^2}, & 0<x\leqslant1\end{cases}$

A. 左导数存在，右导数不存在　　　　　B. 右导数存在，左导数不存在

C. 左右导数都存在　　　　　D. 导数存在且为 $f'(0)=1$

4. 下列函数的极限不正确的是（　　）。

A. $\lim\limits_{x\to0}\dfrac{\sin x}{x}=1$　　　B. $\lim\limits_{x\to\infty}\dfrac{\sin x}{x}=0$　　　C. $\lim\limits_{x\to0}x\sin\dfrac{1}{x}=0$　　　D. $\lim\limits_{x\to\infty}x\sin\dfrac{1}{x}=\infty$

5. 下列命题正确的是（　　）。

A. 数列 $\{x_n\}$ 有界是数列 $\{x_n\}$ 收敛的必要条件

B. 数列 $\{x_n\}$ 发散是数列 $\{x_n\}$ 无界的必要条件

C. 函数 $f(x)$ 在区间 $[a，b]$ 连续是函数 $f(x)$ 在区间 $[a，b]$ 内有界的必要条件

D. 函数 $f(x)$ 在区间 (a, b) 内可导是函数 $f(x)$ 在区间 (a, b) 上连续的必要条件

(二) 填空题

1. $\lim\limits_{x \to 0}(1+3x)^{\frac{2}{\sin x}} = $ _____。

2. 设 $f'(x)$ 存在，且 $\lim\limits_{x \to 0}\dfrac{f(2)-f(2-x)}{2x}=1$，则 $f'(2)=$ _____。

3. 若函数 $f(x)=ax^2-x+1$ 在 $x=\dfrac{1}{2}$ 处具有极小值，则 $a=$ _____。

4. $\mathrm{d}(\ln\cos 2x)=$ _____。

5. 函数 $f(x)=2x^3-3x^2$ 的拐点是 _____。

(三) 计算题

1. $\lim\limits_{x \to 0}\dfrac{\sqrt{1+5x}-1}{\sin 2x}$。

2. $\lim\limits_{x \to 0}\left(\dfrac{1-x}{1+x}\right)^{\frac{1}{x}}$。

3. $\lim\limits_{x \to \infty}\left(\dfrac{x^3}{x^2-1}-\dfrac{x^2+1}{x+1}\right)$。

4. $\lim\limits_{n \to \infty}\dfrac{1+\dfrac{1}{2}+\cdots+\dfrac{1}{2^{n-1}}}{1+\dfrac{1}{3}+\cdots+\dfrac{1}{3^{n-1}}}$。

5. 求函数 $y=y(x)$ 由参数方程 $\begin{cases} x=3t^2+2 \\ y=e^{2t}+1 \end{cases}$ 所确定，求 $\dfrac{\mathrm{d}y}{\mathrm{d}x}$，$\dfrac{\mathrm{d}^2 y}{\mathrm{d}x^2}$。

6. $y=y(x)$ 由方程 $e^{xy}+\tan x=x+y$ 所确定，求 $y'(x)\big|_{x=0}$.

7. 已知函数 $f(x)=\begin{cases} \sqrt{x^2-1}, & x<-1 \\ b, & x=-1 \\ a+\arctan x, & -1<x\leqslant 1 \end{cases}$，在 $x=-1$ 处连续，求 a，b 的值。

8. 求函数 $f(x)=x^2-4x+4\ln(1+x)$ 的单调区间与极值。

9. $y=(\tan x)^{\sin x}\left(0<x<\dfrac{\pi}{2}\right)$，求 $\mathrm{d}y$。

(四) 讨论题

讨论函数 $f(x)=\begin{cases} \dfrac{x}{1+e^{\frac{1}{x}}}, & x\neq 0 \\ 0, & x=0 \end{cases}$，在 $x=0$ 处的左右导数。

(五) 证明题

当 $x>0$ 时，证明：$(1-x)e^{2x}<1+x$。

(六) 应用题

用面积为 $6\pi(\mathrm{m}^2)$ 的一块铁皮，做一个有盖圆柱形油桶，问：油桶的直径和高各为多少时，油桶的容积最大。

自测题三(积分学)

(一) 选择题

1. 函数 $y=f(x)$ 在 $[a,b]$ 上可微是定积分 $\int_a^b f(x)\,dx$ 存在的(　　)。

A. 充分条件
B. 必要条件
C. 充要条件
D. 既非必要也非充分条件

2. 设 $f'(x)=\dfrac{1}{x^2}\sin\dfrac{1}{x}$ 且 $f(1)=\cos 1$，则 $f(x)=$ (　　)。

A. $\cos\dfrac{1}{x^2}$ 　　B. $\sin\dfrac{1}{x^2}$ 　　C. $\sin\dfrac{1}{x}$ 　　D. $\cos\dfrac{1}{x}$

3. 设 $I_1=\int_0^1 x\,dx$，$I_2=\int_0^1 \ln(1+x)\,dx$，则(　　)。

A. $I_1>I_2>0$ 　　B. $I_2>I_1>0$ 　　C. $I_1>0>I_2$ 　　D. $0>I_2>I_1$

4. 设函数 $f(x)$ 在区间 $[a,b]$ 上连续，则不正确的是(　　)。

A. $\int_a^b f(x)\,dx$ 是 $f(x)$ 的一个原函数
B. $\int_a^x f(t)\,dt$ 是 $f(x)$ 的一个原函数
C. $\int_x^b f(t)\,dt$ 是 $-f(x)$ 的一个原函数
D. $f(x)$ 在区间 $[a,b]$ 上可积

5. 由曲线 $y=e^x$、直线 $y=ex$ 以及 y 轴所围成图形的面积是(　　)。

A. $\dfrac{e}{2}+1$ 　　B. $\dfrac{e}{2}-1$ 　　C. $e-\dfrac{1}{2}$ 　　D. $e-1$

(二) 填空题

1. $\int\dfrac{1-\sin x}{x+\cos x}dx=$ _____。

2. 设 $F(x)=\begin{cases}\dfrac{\int_0^x tf(t)\,dt}{x^2}, & x\neq 0\\ a, & x=0\end{cases}$，其中 $f(x)$ 是连续函数，且 $f(0)=1$，则当 $F(x)$ 在 $x=0$ 处连续时，$a=$ _____。

3. $d\left[\int\dfrac{1}{\sqrt{1-x^2}}dx\right]=$ _____。

4. 设 $f(x)$ 在 $[-1,1]$ 上为偶函数，则定积分 $\int_{-1}^1 x[x+f(x)]\,dx=$ _____。

5. $\int\dfrac{1}{\sqrt{x}}e^{\sqrt{x}}\,dx=$ _____。

(三) 计算题

1. 求极限 $\displaystyle\lim_{x\to 0}\dfrac{\int_x^0\dfrac{t^2}{\sqrt{1+t}}dt}{x-\sin x}$。

2. 求极限 $\lim\limits_{x \to 0} \dfrac{\displaystyle\int_0^x \tan^3 t \, dt}{x^4}$ 。

3. 设 $y = \displaystyle\int_1^{x^2} t^2 \sqrt{1 + t^3} \, dt$，求 $\dfrac{dy}{dx}$。

4. 计算不定积分 $\displaystyle\int \dfrac{x + 1}{\sqrt{1 - x^2}} dx$ 。

5. 计算不定积分 $\displaystyle\int x \ln 4x \, dx$ 。

6. $\displaystyle\int \dfrac{\sqrt{x - 1}}{x} dx$ 。

7. 计算定积分 $\displaystyle\int_0^1 x^2 \sqrt{1 - x^3} \, dx$ 。

8. 计算定积分 $\displaystyle\int_0^{\ln 3} x e^{-x} \, dx$ 。

9. $\displaystyle\int_2^{\frac{5}{2}} x \sqrt{5 - 2x} \, dx$ 。

(四) 讨论题

设 $f(x) = \begin{cases} \dfrac{\sin x}{x}, & x < 0 \\[2mm] 1, & x = 0 \\[2mm] \dfrac{\displaystyle\int_0^x (e^t - 1) \, dt}{x^2}, & x > 0 \end{cases}$，讨论 $f(x)$ 在 $x = 0$ 处的连续性。

(五) 应用题

求由曲线 $y = \sqrt{x}$ 与直线 $y = x - 2$ 及 $y = 0$ 所围成的平面图形的面积 A 及其绕 x 轴所得旋转体的体积 V。

自测题四 (积分学)

(一) 选择题

1. 设 $f'(x)$ 连续，则变上限积分 $\displaystyle\int_a^x f(t) \, dt$ 是 (　　)。

A. $f'(x)$ 的一个原函数　　　　　　　　B. $f'(x)$ 的全体原函数

C. $f(x)$ 的一个原函数　　　　　　　　D. $f(x)$ 的全体原函数

2. 设 $\displaystyle\int_0^x f(t) \, dt = a^{2x}$，则 $f(x) = ($　　$)$。

A. $2a^{2x}$ 　　　　　　B. $a^{2x} \ln a$ 　　　　　　C. $2x a^{2x-1}$ 　　　　　　D. $2a^{2x} \ln a$

3. 设 $I_1 = \displaystyle\int_0^{\frac{\pi}{3}} (1 + \sin x)^2 \, dx$，$I_2 = \displaystyle\int_0^{\frac{\pi}{3}} (1 + \tan x)^2 \, dx$，则 (　　)。

A. $I_1 > I_2 > 1$ B. $I_2 > I_1 > 1$ C. $1 > I_1 > I_2$ D. $1 > I_2 > I_1$

4. $f(x)$ 的一个原函数为 $\cos x$，则 $\int f(x)\,\mathrm{d}x = ($ $)$。

A. $\sin x + c$ B. $-\sin x + c$ C. $\cos x + c$ D. $-\cos x + c$

5. 心形线 $\rho = a(1 + \cos\theta)$ 的弧长是(   )。

A. $4a$ B. $6a$ C. $8a$ D. $10a$

(二) 填空题

1. $\displaystyle\int_{-2}^{2} (x^3 + x^2)\,\mathrm{d}x =$ _____。

2. $\displaystyle\int f(x)\,\mathrm{d}x = \arctan 2x + c$，则 $f(x) =$ _____。

3. $\mathrm{d}\left[\displaystyle\int \sec x \cdot \tan x\,\mathrm{d}x\right] =$ _____。

4. 设 $f(x)$ 的导数为 $\cos x$，则 $\displaystyle\int f(x)\,\mathrm{d}x =$ _____。

5. $\dfrac{\mathrm{d}}{\mathrm{d}x}\displaystyle\int_{1}^{-x} e^{-t}\,\mathrm{d}t =$ _____。

(三) 计算题

1. 求极限 $\displaystyle\lim_{x\to 0} \dfrac{\displaystyle\int_{0}^{x} (e^t - e^{-t})\,\mathrm{d}t}{1 - \cos x}$。

2. 计算不定积分 $\displaystyle\int \dfrac{\mathrm{d}x}{2\sqrt{x}(1 + x)}$。

3. 计算不定积分 $\displaystyle\int 3^{\sqrt{x}}\,\mathrm{d}x$。

4. 计算不定积分 $\displaystyle\int x\csc^2 x\,\mathrm{d}x$。

5. 计算定积分 $\displaystyle\int_{e}^{e^3} \dfrac{\sqrt{1 + \ln x}}{x}\,\mathrm{d}x$。

6. 计算定积分 $\displaystyle\int_{0}^{1} (\arccos x)^2\,\mathrm{d}x$。

7. 已知函数 $f(x) = \begin{cases} \sqrt{x}, & x \geq 0 \\ x, & x < 0 \end{cases}$，求 $\displaystyle\int_{-1}^{1} f(x)\,\mathrm{d}x$。

(四) 应用题

1. 求由抛物线 $y^2 = 2x$ 与该曲线在点 $\left(\dfrac{1}{2}, 1\right)$ 处的法线所围成的面积。

2. 求由曲线 $x = \sqrt{2 - y}$，直线 $y = x$ 及 y 轴所围成平面图形绕 x 轴旋转一周所得旋转体体积。

自测题五(总复习题)

(一) 选择题

1. 设 $f(a) = 3$，$\displaystyle\lim_{x\to a} f(x) = 2$，则点 $x = a$ 是 $f(x)$ 的(   )。

A. 连续点   B. 可去间断点   C. 跳跃间断点   D. 无穷间断点

2. 设 $f(x)$ 在点 $x=a$ 处可导，且 $\lim\limits_{h\to 0}\dfrac{f(a)-f(a-h)}{2h}=-1$，则 $f'(a)=($)．

A. -2 B. 2 C. $\dfrac{1}{2}$ D. -1

3. 设 $\lim\limits_{x\to\infty}\left(1-\dfrac{k}{x}\right)^{x}=4$，则 $k=($)．

A. $\ln 4$ B. $\dfrac{1}{4}$ C. $-\ln 4$ D. $-\dfrac{1}{4}$

4. $\lim\limits_{x\to 0}\dfrac{\int_{0}^{x}\tan t^{2}\,\mathrm{d}t}{x^{3}}=($)．

A. $\dfrac{1}{4}$ B. $\dfrac{1}{2}$ C. 1 D. $\dfrac{1}{3}$

5. 若 e^{x} 是 $f(x)$ 的一个原函数，则 $\int xf(x)\,\mathrm{d}x=($)。

A. $e^{x}(x+1)+c$ B. $e^{x}(x-1)+c$ C. $xe^{x}+c$ D. $e^{x}(1-x)+c$

（二）填空题

1. 设 $f(x)=\begin{cases}3x+2, & x\leqslant 0 \\ x^{2}-2, & x>0\end{cases}$，则 $\lim\limits_{x\to 0^{+}}f(x)=$ _____。

2. $y=\cot(2x+1)$，则 $y''=$ _____。

3. 函数 $y=\dfrac{\sqrt{x-3}}{(x+1)(x+2)}$ 的连续区间为 _____。

4. $\int\dfrac{\cos x}{1+\sin^{2}x}\,\mathrm{d}x=$ _____。

5. $\int_{-1}^{1}\left(x^{2}+x^{3}\sqrt{1-x^{2}}\right)\mathrm{d}x=$ _____。

（三）计算题

1. $\lim\limits_{x\to 0}\dfrac{x-\arcsin x}{x^{3}}$。

2. $\lim\limits_{x\to 1}\left(\dfrac{x}{x-1}-\dfrac{1}{\ln x}\right)$。

3. 求由方程 $y^{3}+3xy^{2}+5x^{3}=27$ 所确定的隐函数 y 的导数 $\dfrac{\mathrm{d}y}{\mathrm{d}x}$ 以及 $\left.\dfrac{\mathrm{d}y}{\mathrm{d}x}\right|_{x=0}$。

4. $\int\dfrac{x^{2}+2x}{(x+1)^{2}}\,\mathrm{d}x$。

5. $\int\dfrac{\mathrm{d}x}{1+\sec 2x}$。

6. $\int(x+1)e^{x}\,\mathrm{d}x$。

7. $\int_0^3 \dfrac{x\mathrm{d}x}{1+\sqrt{1+x}}$。

（四）应用题

1. 要制作一个圆锥形漏斗，其斜高长为 20cm，问其高 h 应为多少时，方能使漏斗的体积最大？

2. 求曲线 $y=e^{-x}$ 及其点 $(-1,e)$ 处的切线与 y 轴所围成图形的面积。

（五）证明题

证明：在开区间 $(0,\pi)$ 内至少存在一点 ξ，使 $\sin\xi+\xi\cos\xi=0$。

（六）讨论题

当 a，b 为何值时，函数 $f(x)=\begin{cases}\dfrac{a}{1+x}, & x\leq 0 \\ x+b, & x>0\end{cases}$，在 $x=0$ 处可导。

自测题六（总复习题）

（一）选择题

1. 设 $f(x)$ 在 x_0 处可导，则 $f(x)$ 在 x_0 处取得极值是 $f'(x_0)=0$ 的（　　）。

A. 充分条件　　　B. 必要条件　　　C. 充要条件　　　D. 既非充分也非必要条件

2. 下列求极限运算中，不能使用洛必达法则的是（　　）。

A. $\lim\limits_{x\to\infty}\dfrac{x-\sin x}{x+\sin x}$　　　　B. $\lim\limits_{x\to 0}\dfrac{\sin 2x}{x}$

C. $\lim\limits_{x\to 1}\dfrac{\ln x}{x-1}$　　　　D. $\lim\limits_{x\to 0}\dfrac{x(e^x-1)}{\cos x-1}$

3. 设 $f(x)$ 的原函数为 xe^{x^2}，则 $f'(x)=$（　　）。

A. $(2x^2+1)e^{x^2}$　　B. $4(x^3+x)e^{x^2}$　　C. $(4x^3+6x)e^{x^2}$　　D. $\dfrac{1}{2}e^{x^2}+c$

4. $\lim\limits_{x\to\infty}\dfrac{\int_1^{x^2}\left(1+\dfrac{1}{t}\right)^t\mathrm{d}t}{3x^2}=$（　　）。

A. 0　　　　B. e^3　　　　C. $3e$　　　　D. $\dfrac{e}{3}$

5. 设 $I_1=\int_0^{\frac{\pi}{2}}(1+\sin x)^2\mathrm{d}x$，$I_2=\int_0^{\frac{\pi}{2}}(1+\tan x)^2\mathrm{d}x$，则（　　）。

A. $I_2>I_1>1$　　B. $I_1>I_2>1$　　C. $1>I_1>I_2$　　D. $1>I_2>I_1$

（二）填空题

1. 设 $f(x)=\begin{cases}x+1, & x\leq 3 \\ 2x-a, & x>3\end{cases}$，若 $x=3$ 为 $f(x)$ 的连续点，则 $a=$＿＿＿＿。

2. 函数 $y=\sec(x^2+1)$，则 $y'=$＿＿＿＿。

3. $\int_{-\frac{\pi}{2}}^{\frac{\pi}{2}} [x^2\sin x + \cos x]\,\mathrm{d}x = \underline{\qquad}$。

4. 不定积分 $\int \dfrac{x}{\sqrt{1-x^2}}\mathrm{d}x = \underline{\qquad}$。

5. 定积分 $\int_0^{\pi}\sqrt{1-\sin^2 x}\,\mathrm{d}x = \underline{\qquad}$。

(三) 计算题

1. $\lim\limits_{x\to 0}\dfrac{x-\sin 3x}{x+\sin 5x}$。

2. $\lim\limits_{x\to 1}\dfrac{\int_1^x e^{t^2}\mathrm{d}t}{\ln x}$。

3. 由方程 $x-y+\arctan y=0$ 确定 $y=y(x)$，求 $\mathrm{d}y$。

4. 求函数 $y=x^e e^{-x}(x\geqslant 0)$ 的单调区间和极值。

5. $\int \dfrac{x}{\cos^2 x}\mathrm{d}x$。

6. $\int \dfrac{\mathrm{d}x}{x\ln^2 x}$。

7. $\int_0^1 \arctan x\,\mathrm{d}x$。

8. 设 $f(x)=x^2-\int_0^1 f(x)\,\mathrm{d}x$，求 $f(x)$。

(四) 应用题

1. 求由曲线 $y=\ln x$，直线 $x=\dfrac{1}{e}$，$x=e$ 及 x 轴所围成的平面图形的面积。

2. 求由曲线 $y=2\sqrt{x}$ 与直线 $x=1$，$y=0$ 所围成的图形绕 x 轴旋转而成的旋转体的体积。

(五) 证明题

证明：当 $x>0$ 时，$\ln(1+x)>\dfrac{x}{1+x}$。

(六) 讨论题

设函数 $f(x)=\begin{cases} e^{2x}+b, & x\leqslant 0 \\ \sin ax, & x>0, \end{cases}$ 当 a，b 为何值时，函数 $f(x)$ 在 $x=0$ 处可导。

自测题参考答案

自测题一

(一) 选择题

1. B;   2. C;   3. B;   4. D;   5. B.

(二) 填空题

1. 3;   2. 0;   3. $\arctan x$;   4. $\left(-\infty, \dfrac{2}{3}\right)$;   5. $\dfrac{-[f'(x)]^2}{f^2(x)} + \dfrac{f''(x)}{f(x)}$.

(三) 计算题

1. $\dfrac{1}{6}$;   2. e^8;   3. $\dfrac{1}{2}$;   4. $\dfrac{1}{2}$;   5. $y' = \dfrac{2x-y}{3y^2+x+2y}$;   6. $y(0) = 1$;

7. 函数在 $\left(0, \dfrac{1}{2}\right]$ 上单调递减，在 $\left[\dfrac{1}{2}, +\infty\right)$ 上单调递增，极值为 $y\left(\dfrac{1}{2}\right) = \dfrac{1}{2} + \ln 2$

(四) 讨论题

解： $\lim\limits_{x \to 0} f(x) = \lim\limits_{x \to 0} \dfrac{1-\cos 2x}{x} = \lim\limits_{x \to 0} \dfrac{2x^2}{x} = 0 = f(0)$ ，故函数 $f(x)$ 在 $x=0$ 处连续；又

$\lim\limits_{x \to 0} \dfrac{f(x)-f(0)}{x-0} = \lim\limits_{x \to 0} \dfrac{\dfrac{1-\cos 2x}{x}}{x} = \lim\limits_{x \to 0} \dfrac{2x}{x} = 2 = f'(0)$ ，故函数 $f(x)$ 在 $x=0$ 处可导，

所以函数函数 $f(x)$ 在 $x=0$ 处既连续又可导。

(五) 证明题

证明：设 $f(x) = \arctan x - x - \dfrac{x^3}{3}$ ， $f'(x) = \dfrac{1}{1+x^2} - 1 - x^2 = \dfrac{x^4}{1+x^2}$ ，当 $x>0$ 时， $f'(x)>0$ ，故函数

$f(x)$ 单调递增，即 $f(x)>f(0)=0$ ，所以有 $\arctan x > x - \dfrac{x^3}{3}$ 。

(六) 应用题

解：对方程 $xy = e^x - e$ 两边同时求导， $y + xy' = e^x$ ，当 $x=1$ ， $y=0$ 时，有 $y' = e$ ，故切线方程

为 $y - 0 = e(x-1)$ ，即 $ex - y - e = 0$ ，法线方程为 $y - 0 = -\dfrac{1}{e}(x-1)$ ，即 $x + ey - 1 = 0$ 。

自测题二

(一) 选择题

1. A;   2. C;   3. B;   4. D;   5. A.

（二）填空题

1. e^6;　　2. 2;　　3. 1;　　4. $-2\tan2x\mathrm{d}x$;　　5. $\left(\dfrac{1}{2},\ -\dfrac{1}{2}\right)$

（三）计算题

1. $\dfrac{5}{4}$;　　2. e^{-2};　　3. 1;　　4. $\dfrac{4}{3}$;

5. $\dfrac{\mathrm{d}y}{\mathrm{d}x}=\dfrac{e^{2t}}{3t}$, $\dfrac{\mathrm{d}^2y}{\mathrm{d}x^2}=\dfrac{e^{2t}(2t-1)}{18t^3}$;　　6. $y'(0)=1$;

7. 解: $\lim\limits_{x\to-1^-}\sqrt{1-x^2}=0=b$, $\lim\limits_{x\to-1^+}(a+\arctan x)=a-\dfrac{\pi}{4}=f(0)=0$, 故 $a=\dfrac{\pi}{4}$。

8. 解: 函数 $f(x)$ 的定义域为 $(-1,\ +\infty)$, $f'(x)=2x-4+\dfrac{4}{1+x}=\dfrac{2x(x-1)}{1+x}$, 令 $f'(x)=0$, 得 $x=0$, $x=1$, 故函数 $f(x)$ 在区间 $(1,\ +\infty)$ 和 $(-1,\ 0)$ 上单调递增, 在 $(0,\ 1)$ 上单调递减, 故极大值为 $f(0)=0$, 极小值为 $f(1)=4\ln2-3$。

（四）讨论题

解: $f'_-(0)=\lim\limits_{x\to0^-}\dfrac{f(x)-f(0)}{x-0}=\lim\limits_{x\to0^-}\dfrac{\dfrac{x}{1+e^{\frac{1}{x}}}}{x}=\lim\limits_{x\to0^-}\dfrac{1}{1+e^{\frac{1}{x}}}=1$,

$f'_+(0)=\lim\limits_{x\to0^+}\dfrac{f(x)-f(0)}{x-0}=\lim\limits_{x\to0^+}\dfrac{\dfrac{x}{1+e^{\frac{1}{x}}}}{x}=\lim\limits_{x\to0^+}\dfrac{1}{1+e^{\frac{1}{x}}}=0$, 故函数 $f(x)$ 在点 $x=0$ 处不可导。

（五）证明题

证明: 设 $f(x)=(1-x)e^{2x}-x-1$, $f'(x)=-2xe^{2x}$, 当 $x>0$ 时, $f'(x)<0$, 故函数 $f(x)$ 单调递减, 即 $f(x)<f(0)=0$, 所以有 $(1-x)e^{2x}<1+x$。

（六）应用题

自测题三

（一）选择题

1. B;　　2. D;　　3. B;　　4. A;　　5. B

（二）填空题

1. $\ln|x+\cos x|+c$;　　2. $\dfrac{1}{2}$;　　3. $\dfrac{1}{\sqrt{1-x^2}}\mathrm{d}x$;　　4. $\dfrac{2}{3}$;　　5. $2e^{\sqrt{x}}+c$

（三）计算题

1. -2;　　2. $\dfrac{1}{4}$;　　3. $2x^5\sqrt{1+x^6}$;　　4. $\arcsin x-\sqrt{1-x^2}+c$;

5. $\dfrac{x^2}{2}\ln4x-\dfrac{x^2}{4}+c$;　　6. $2\left[\sqrt{x-1}-\arctan\sqrt{x-1}\right]+c$;

7. $\dfrac{2}{9}$;　　8. $\dfrac{1}{3}(2-\ln3)$;　　9. $\dfrac{11}{15}$.

（四）讨论题

解：$\lim\limits_{x \to 0^-} f(x) = \lim\limits_{x \to 0^-} \dfrac{\sin x}{x} = 1$，$\lim\limits_{x \to 0^+} f(x) = \lim\limits_{x \to 0^+} \dfrac{\displaystyle\int_0^x (e^t - 1)\,\mathrm{d}t}{x^2} = \lim\limits_{x \to 0^+} \dfrac{e^x - 1}{2x} = \dfrac{1}{2}$，即 $f(0^-) \neq f(0^+)$，故 $f(x)$ 在 $x = 0$ 处不连续。

（五）应用题

$A = \dfrac{10}{3}$，$V = \dfrac{16\pi}{3}$

自测题四

（一）选择题

1. C；　　2. D；　　3. B；　　4. C；　　5. C

（二）填空题

1. $\dfrac{16}{3}$；　2. $\dfrac{2}{1 + 4x^2}$；　3. $\sec x \cdot \tan x\,\mathrm{d}x$；　4. $-\cos x + c$；　5. $-e^x$

（三）计算题

1. 2；　2. $\arctan \sqrt{x}$；　3. $\dfrac{2 \cdot 3^{\sqrt{x}}}{\ln 3}\left(\sqrt{x} - \dfrac{1}{\ln 3}\right) + c$；

4. $-x\cot x + \ln|\sin x| + c$；　5. $\dfrac{4}{3}(4 - \sqrt{2})$；　6. $\pi - 2$；　7. $\dfrac{1}{6}$

（四）应用题

1. $\dfrac{16}{3}$；　2. $\dfrac{38}{15}\pi$

自测题五

（一）选择题

1. B；　　2. A；　　3. C；　　4. D；　　5. B

（二）填空题

1. -2；　2. $8\csc^2(2x+1)\cot(2x+1)$；　3. $[3, +\infty)$；　4. $\arctan(\sin x) + c$；　5. $\dfrac{2}{3}$

（三）计算题

1. $-\dfrac{1}{6}$；　2. $\dfrac{1}{2}$；　3. $\dfrac{\mathrm{d}y}{\mathrm{d}x} = -\dfrac{y^2 + 5x^2}{y^2 + 2xy}$，$\left.\dfrac{\mathrm{d}y}{\mathrm{d}x}\right|_{x=0} = -1$；

4. $x + \dfrac{1}{x+1} + c$；　5. $x - \dfrac{1}{2}\tan x + c$；　6. $xe^x + c$；　7. $\dfrac{5}{3}$

（四）应用题

1. $h = \dfrac{20\sqrt{3}}{3}$；　2. $\dfrac{e}{2} - 1$

（五）证明题

证明：由题意，令 $f(x)=x\sin x$，显然 $f(x)$ 在 $[0,\pi]$ 上连续，在 $(0,\pi)$ 内可导，$f(0)=f(\pi)$，由罗尔定理知，在开区间 $(0,\pi)$ 内至少存在一点 ξ，使 $f'(\xi)=0$，即 $\sin\xi+\xi\cos\xi=0$。

（六）讨论题

$a=-1$，$b=-1$

自测题六

（一）选择题

1. A；　　2. A；　　3. C；　　4. D；　　5. A.

（二）填空题

1. 2；　　2. $2x\sec(x^2+1)\tan(x^2+1)$；　　3. 2；　　4. $-\sqrt{1-x^2}+c$；　　5. 2

（三）计算题

1. $-\dfrac{1}{3}$；　　2. e；　　3. $\mathrm{d}y=\left(\dfrac{1}{y^2}+1\right)\mathrm{d}x$；

4. 递增区间为 $[0,e]$，递减区间为 $[e,+\infty)$，极大值为 1；

5. $x\tan x+\ln|\cos x|+c$；　　6. $-\dfrac{1}{\ln x}+c$；

7. $\dfrac{\pi}{4}-\dfrac{1}{2}\ln 2$　　8. $f(x)=x^2-\dfrac{1}{6}$.

（四）应用题

1. $2\left(1-\dfrac{1}{e}\right)$；　　2. 2π.

（五）证明题

证明：由题意，令 $f(t)=\ln(1+t)$，显然 $f(x)$ 在 $[0,x]$ 上连续，在 $(0,x)$ 内可导，由拉格朗日中值定理知，$\ln(1+x)-\ln(1+0)=\dfrac{x}{1+\xi}$，$(0<\xi<x)$，又 $\dfrac{1}{1+\xi}>\dfrac{1}{1+x}$，所以有 $\ln(1+x)>\dfrac{x}{1+x}$。

（六）讨论题

$a=2$，$b=-1$

模 拟 题

模拟题一

(一) 选择题(每题 **3** 分，共 **54** 分)

1. 下列函数在给定的极限过程中不是无穷小量的是(   )。

A. $x \cdot \sin \dfrac{1}{x}(x \to 0)$

B. $\ln x(x \to 0^+)$

C. $\sqrt{x^2+1} - x(x \to +\infty)$

D. $x \cdot \ln x(x \to 0^+)$

2. 下列极限计算正确的是(   )。

A. $\lim\limits_{x \to 0} \dfrac{\cos x}{\ln(1+x)} = 1$

B. $\lim\limits_{x \to 0}(1-x)^{\frac{1}{x}} = e$

C. $\lim\limits_{x \to \infty} x \sin \dfrac{1}{x} = 0$

D. $\lim\limits_{x \to \infty} \dfrac{x^2+2x+1}{3x^2-x} = \dfrac{1}{3}$

3. 方程 $x^3+3x-2=0$ 在下列哪个区间内至少有一个实根(   )。

A. $(-1, 0)$ B. $\left(0, \dfrac{1}{3}\right)$ C. $\left(\dfrac{1}{3}, 1\right)$ D. $(1, 3)$

4. 设 $f'(x_0)=2$，则 $\lim\limits_{h \to 0} \dfrac{f(x_0-2h)-f(x_0)}{h} = ($ $)$。

A. 2   B. -2 C. -4 D. 4

5. 函数 $f(x) = \begin{cases} -1, & x<0, \\ 0, & x=0, \\ 1, & x>0 \end{cases}$，则 $f(x)$ 在 $x=0$ 处(   )。

A. 左导数存在   B. 右导数存在   C. 不可导   D. 可导

6. 曲线 $y=1-xe^y$ 在点 $(0, 1)$ 处的切线方程为(   )。

A. $e \cdot x+y-1=0$

B. $e \cdot x+y+1=0$

C. $e \cdot x-y-1=0$

D. $e \cdot y+x-1=0$

7. 若 $\dfrac{\mathrm{d}f(x)}{\mathrm{d}x} = x(x+1)$，则 $f(x)$ 在区间 $[0, 1]$ 上是(   )。

A. 单调减少且是凸的

B. 单调增加且是凸的

C. 单调减少且是凹的

D. 单调增加且是凹的

8. 关于曲线 $y = \dfrac{x^3}{x-3}$ 渐近线的结论正确的是(   )。

A. 有水平渐近线 $y=0$

B. 有垂直渐近线 $x=3$

C. 既有水平渐近线又有垂直渐近线　　D. 既没有水平渐近线又没有垂直渐近线

9. 下列式子正确的是(　　)。

A. $\int \frac{1}{x^2}dx = \frac{1}{x} + C$　　B. $\int \cos x dx = -\sin x + C$

C. $\int \frac{1}{\sqrt{1-x^2}}dx = -\arccos x + C$　　D. $\int \tan x dx = \ln|\cos x| + C$

10. 下列式子不正确的是(　　)。

A. $\int \frac{f(\sqrt{x})}{\sqrt{x}}dx = 2\int f(\sqrt{x})d\sqrt{x}$　　B. $\int \frac{f(\ln x)}{x}dx = \int f(\ln x)d\ln x$

C. $\int \sec^2 x \cdot \tan x dx = \int \sec x d\sec x$　　D. $\int 3^x \cdot f(3^x)dx = \int f(3^x)d3^x$

11. 设函数 $f(x)$ 的一个原函数是 $\sin x$，则 $\int xf'(x)dx = ($　　$)$。

A. $x\cos x + \sin x + C$　　B. $x\cos x - \sin x + C$

C. $x\sin x + \cos x + C$　　D. $-x\cos x + \sin x + C$

12. $\int \frac{1}{x^2 + 2x - 3}dx = ($　　$)$。

A. $\frac{1}{4}\ln\left|\frac{x-1}{x+3}\right| + C$　　B. $\frac{1}{4}\ln\left|\frac{x+3}{x-1}\right| + C$

C. $\frac{1}{2}\ln\left|\frac{x-1}{x+3}\right| + C$　　D. $\frac{1}{2}\ln\left|\frac{x+3}{x-1}\right| + C$

13. 函数 $f(x)$ 在区间 $[a,b]$ 上连续是 $f(x)$ 在区间 $[a,b]$ 上可积的(　　)。

A. 必要条件　　B. 充分条件　　C. 充要条件　　D. 既非充分也非必要

14. 若函数 $f(x)$ 在区间 $[1,3]$ 上连续，并且在该区间上的平均值是 5，则 $\int_1^3 f(x)dx = ($　　$)$。

A. 5.　　B. 10　　C. 15　　D. 20

15. $\int_3^6 \frac{x}{\sqrt{x-2}}dx = ($　　$)$。

A. $\frac{13}{3}$　　B. $\frac{16}{3}$　　C. $\frac{26}{3}$　　D. $\frac{32}{3}$

16. 曲线 $y=x^2$ 与直线 $x=1$ 及 x 轴所围成的图形绕 x 轴旋转一周形成的旋转体的体积是(　　)。

A. $\frac{\pi}{2}$　　B. $\frac{\pi}{3}$　　C. $\frac{\pi}{4}$　　D. $\frac{\pi}{5}$

17. (多选)下列选项正确的是(　　)。

A. 如果函数 $f(x)$ 在 $x=a$ 处可导，那么 $f(x)$ 在 $x=a$ 处可微

B. $(1+x)e^x dx = d(x^2 \cdot e^x)$

C. $y = x^{\cos x}(x>0)$ 的导函数是 $y' = x^{\cos x}\left(\frac{\cos x}{x} - \ln x \cdot \sin x\right)$

D. $6 \leqslant \int_1^4 (x^2 + 1)\,\mathrm{d}x \leqslant 51$

18. (多选)下列式子中正确的是( )。

A. 利用夹逼定理,可得 $\lim\limits_{n \to \infty} \dfrac{2^n}{n!} = 0$

B. $\int_0^\pi \sqrt{\sin x - \sin^3 x}\,\mathrm{d}x = \int_0^{\frac{\pi}{2}} \sqrt{\sin x} \cdot \cos x\,\mathrm{d}x - \int_{\frac{\pi}{2}}^\pi \sqrt{\sin x} \cdot \cos x\,\mathrm{d}x$

C. $\dfrac{\mathrm{d}}{\mathrm{d}x}\left(\int_0^{\frac{\pi}{4}} \cos x\,\mathrm{d}x\right) = \dfrac{\sqrt{2}}{2}$

D. 根据对称区间上奇偶函数积分的方法,可得 $\int_{-1}^1 (\,|x| + x\,)e^{-|x|}\,\mathrm{d}x = 2\int_0^1 xe^{-x}\,\mathrm{d}x$

(二)判断题(结论对的选 T,错的选 F,每小题 2 分,共 26 分)

19. 如果 $\lim\limits_{x \to a^+} f(x)$ 和 $\lim\limits_{x \to a^-} f(x)$ 都存在,那么 $f(x)$ 在 $x=a$ 处连续。( )

20. $x=0$ 是函数 $y = e^{\frac{1}{x}}$ 的第二类间断点。( )

21. 如果数列 $\{x_n\}$ 极限存在,那么数列 $\{x_n\}$ 必定有界。( )

22. 如果 $\lim\limits_{x \to x_0} f(x)$ 和 $\lim\limits_{x \to x_0} g(x)$ 都不存在,那么 $\lim\limits_{x \to x_0} [f(x) + g(x)]$ 一定不存在 . ( )

23. 如果函数 $f(x)$ 在点 x_0 处可微,Δx 是自变量 x 在 x_0 点的增量,那么当 $\Delta x \to 0$ 时,$\Delta y - \mathrm{d}y$ 是 Δx 的高阶无穷小。( )

24. 函数 $y = \sqrt[3]{x}$ 在 $[-1, 1]$ 上满足罗尔定理的条件。( )

25. $\lim\limits_{x \to \infty} \dfrac{x + \cos x}{x}$ 不能使用洛必达法则计算,因为 $\dfrac{(x + \cos x)'}{x'} = 1 - \sin x$ 在 $x \to \infty$ 时极限不存在。( )

26. $\dfrac{\mathrm{d}}{\mathrm{d}x}\displaystyle\int \sin x\,\mathrm{d}x = \sin x$。( )

27. 函数 $\sin^2 x$、$\dfrac{1}{2}\cos 2x$ 都是 $\sin 2x$ 的原函数。( )

28. 由参数方程 $\begin{cases} x = t^2 \\ y = t^3 \end{cases}$ 确定的函数的导数 $\dfrac{\mathrm{d}y}{\mathrm{d}x} = \dfrac{2}{3t}$。( )

29. 如果 $|f(x)|$ 在 $[a, b]$ 上可积,那么 $\int_a^b |f(x)|\,\mathrm{d}x \geqslant 0$。( )

30. 设函数 $f(x)$ 在 $[a, b]$ 上具有一阶连续导数,那么曲线 $y = f(x)$ 在区间 $[a, b]$ 上的弧长 $s = \int_a^b \sqrt{1 + [f'(x)]^2}\,\mathrm{d}x$。( )

31. 根据定积分的几何意义,$\int_0^1 \sqrt{1 - x^2}\,\mathrm{d}x = \dfrac{\pi}{2}$。( )

(三)计算题(每题 5 分,共 20 分)

32. 求不定积分 $\displaystyle\int e^{\sqrt{x+1}}\,\mathrm{d}x$。

33. 设 $f(x) = \begin{cases} \dfrac{1-\cos ax}{\sin\dfrac{x^2}{4}}+4 , & x < 0, \\ 6 , & x = 0, \\ \dfrac{3\displaystyle\int_0^x \tan at^2 \mathrm{d}t}{\sin x - x} , & x > 0。 \end{cases}$

求：（1） a 取何值时，$f(x)$ 在 $x=0$ 处连续；

（2） a 取何值时，$x=0$ 是 $f(x)$ 的可去间断点。

34. 设 $x>0$，证明不等式：$\ln(1+x)>\dfrac{x}{1+x}$。

35. 设 S_1 是由曲线 $y=x^2$ 与直线 $y=t^2(0<t<1)$ 及 y 轴所围图形的面积，S_2 是由曲线 $y=x^2$ 与直线 $y=t^2(0<t<1)$ 及 $x=1$ 所围图形的面积（如图所示）。求：t 取何值时，$S(t)=S_1+S_2$ 取到极小值？极小值是多少？

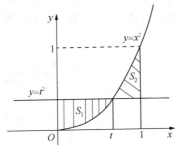

模拟题二

（一）选择题（每题 3 分，共 54 分）

1. 下列函数在给定的极限过程中不是无穷小量的是（　　）。

A. $x\cdot\sin\dfrac{1}{x}$ $(x\to0)$

B. $\ln(x-1)$ $(x\to1^+)$

C. $\sqrt{x+1}-\sqrt{x+2}$ $(x\to+\infty)$

D. $\sin x\cdot\ln x$ $(x\to0^+)$

2. 下列极限计算正确的是（　　）。

A. $\lim\limits_{x\to0}\dfrac{\sin x}{e^x-1}=0$

B. $\lim\limits_{x\to\infty}\left(1-\dfrac{1}{x}\right)^x=e$

C. $\lim\limits_{x\to\infty}x^2\sin\dfrac{1}{x^2}=0$

D. $\lim\limits_{x\to\infty}\dfrac{2x^3+2x^2+1}{5x^3-3x}=\dfrac{2}{5}$

3. 方程 $x^3-3x+1=0$ 在下列哪个区间内至少有一个实根（　　）。

A. $(-3,-2)$　　　B. $(-1,0)$　　　C. $(0,1)$　　　D. $(2,3)$

4. 设 $f'(x_0)=1$，则 $\lim\limits_{h\to0}\dfrac{f(x_0-3h)-f(x_0)}{h}=$（　　）。

A. -4　　　　　B. -3　　　　　C. -2　　　　　D. -1

5. 函数 $f(x) = \begin{cases} 2, & x<0 \\ 0, & x=0 \\ -2, & x>0 \end{cases}$，则 $f(x)$ 在 $x=0$ 处（　　）。

A. 左导数存在　　　　B. 右导数存在　　　　C. 不可导　　　　D. 可导

6. 曲线 $y=2-xe^y$ 在点 $(0,2)$ 处的切线方程为（　　）。

A. $e^2 \cdot x+y-2=0$　　　　　　　　B. $e^{-2} \cdot x+y-2=0$

C. $e^2 \cdot x+y+2=0$　　　　　　　　D. $e^{-2} \cdot x-y-2=0$

7. 若 $\dfrac{df(x)}{dx}=x(x-1)$，则 $f(x)$ 在区间 $[1,2]$ 上是（　　）。

A. 单调减少且是凸的　　　　　　　　B. 单调增加且是凸的

C. 单调减少且是凹的　　　　　　　　D. 单调增加且是凹的

8. 关于曲线 $y=\dfrac{x^2}{x-2}$ 渐近线的结论正确的是（　　）。

A. 有水平渐近线 $y=0$　　　　　　　B. 有垂直渐近线 $x=2$

C. 既有水平渐近线又有垂直渐近线　　D. 既没有水平渐近线又没有垂直渐近线

9. 下列式子正确的是（　　）。

A. $\displaystyle\int \dfrac{1}{x^3}dx = \dfrac{2}{x^2}+C$　　　　　　　　B. $\displaystyle\int 2^x dx = 2^x \cdot \ln 2+C$

C. $\displaystyle\int \dfrac{1}{1+x^2}dx = \arctan x+C$　　　　D. $\displaystyle\int \cot x dx = \ln|\cos x|+C$

10. 下列式子不正确的是（　　）。

A. $\displaystyle\int f(\sin x)\cos x dx = \int f(\sin x)d\sin x$　　　　B. $\displaystyle\int \dfrac{f\left(\dfrac{1}{x}\right)}{x^2}dx = -\int f\left(\dfrac{1}{x}\right)d\left(\dfrac{1}{x}\right)$

C. $\displaystyle\int \sec^2 x \cdot \tan x dx = \int \tan x d\tan x$　　　　D. $\displaystyle\int xf(x^2)dx = \int f(x^2)dx^2$

11. 设函数 $f(x)$ 的一个原函数是 e^x，则 $\displaystyle\int xf'(x)dx = $（　　）。

A. $(x+1)e^x+C$　　　　　　　　　　B. $(x-1)e^x+C$

C. $(x+1)e^{-x}+C$　　　　　　　　　D. $(1-x)e^{-x}+C$

12. $\displaystyle\int \dfrac{1}{x^2-5x+6}dx = $（　　）。

A. $\ln\left|\dfrac{x-3}{x-2}\right|+C$　　B. $\ln\left|\dfrac{x-2}{x-3}\right|+C$　　C. $\dfrac{1}{5}\ln\left|\dfrac{x-3}{x-2}\right|+C$　　D. $\dfrac{1}{5}\ln\left|\dfrac{x-2}{x-3}\right|+C$

13. 函数 $f(x)$ 在区间 $[a,b]$ 上可积是 $f(x)$ 在区间 $[a,b]$ 上连续的（　　）。

A. 必要条件　　　　B. 充分条件　　　　C. 充要条件　　　　D. 既非充分也非必要

14. 若函数 $f(x)$ 在区间 $[1,3]$ 上连续，并且在该区间上的平均值是 3，则 $\displaystyle\int_1^3 f(x)dx = $（　　）。

A. 3　　　　　　　B. 6　　　　　　　C. 9　　　　　　　D. 12

15. $\int_4^7 \dfrac{x}{\sqrt{x-3}}\mathrm{d}x = ($)。

A. $\dfrac{13}{3}$ B. $\dfrac{16}{3}$ C. $\dfrac{26}{3}$ D. $\dfrac{32}{3}$

16. 曲线 $y=x^3$ 与直线 $x=1$ 及 x 轴所围成的图形绕 x 轴旋转一周形成的旋转体的体积是( )。

A. $\dfrac{\pi}{4}$ B. $\dfrac{\pi}{5}$ C. $\dfrac{\pi}{7}$ D. $\dfrac{\pi}{8}$

17. (多选)下列选项正确的是( )。

A. 如果函数 $f(x)$ 在 $x=a$ 处可微，那么 $f(x)$ 在 $x=a$ 处可导

B. $2 \leq \int_0^2 (x^3+1)\mathrm{d}x \leq 18$

C. $y=x^x(x>0)$ 的导函数是 $y'=x^x(1+\ln x)$

D. $\dfrac{2x}{\sqrt{1+x^2}}\mathrm{d}x = \mathrm{d}\sqrt{1+x^2}$

18. (多选)下列式子中正确的是( )。

A. $\dfrac{\mathrm{d}}{\mathrm{d}x}\left(\int_0^{\frac{\pi}{4}} \sin x\, dx\right) = \dfrac{\sqrt{2}}{2}$

B. $\int_0^{2\pi} \sqrt{\cos x - \cos^3 x}\,\mathrm{d}x = \int_0^{\pi} \sqrt{\cos x}\cdot\sin x\,\mathrm{d}x - \int_{\pi}^{2\pi} \sqrt{\cos x}\cdot\sin x\,\mathrm{d}x$

C. 利用夹逼定理，可得 $\lim\limits_{n\to\infty}\sqrt[n]{1+3^n+5^n}=5$

D. 根据对称区间上奇偶函数积分的方法，可得 $\int_{-1}^1 (|x|+x)\cos x\,\mathrm{d}x = 2\int_{-1}^1 x\cos x\,\mathrm{d}x$

(二)判断题(结论对的选 T，错的选 F，每小题 2 分，共 26 分)

19. 如果 $\lim\limits_{x\to a^+}f(x)$ 和 $\lim\limits_{x\to a^-}f(x)$ 相等，那么 $f(x)$ 在 $x=a$ 处连续。( )

20. $x=1$ 是函数 $y=e^{\frac{1}{x-1}}$ 的第二类间断点。( )

21. 如果数列 $\{x_n\}$ 有界，那么数列 $\{x_n\}$ 必有极限。( )

22. 如果 $f(x)$ 和 $g(x)$ 在点 x_0 处不连续，那么 $f(x)+g(x)$ 在点 x_0 处不连续。( )

23. 如果函数 $f(x)$ 在点 x_0 处可微，Δx 是自变量 x 在 x_0 点的增量，那么当 $\Delta x\to 0$ 时，$\Delta y-\mathrm{d}y$ 是 Δx 的同阶无穷小。( )

24. 函数 $y=\sqrt[3]{x}$ 在 $[-2,2]$ 上满足罗尔定理的条件。( )

25. $\lim\limits_{x\to\infty}\dfrac{x-\cos x}{x}$ 不能使用洛必达法则计算，因为 $\dfrac{(x-\cos x)'}{x'}=1+\sin x$ 在 $x\to\infty$ 时极限不存在。( )

26. $\dfrac{\mathrm{d}}{\mathrm{d}x}\int \cos x\,\mathrm{d}x = \cos x$。( )

27. 函数 $\sin^2 x$、$-\cos^2 x$ 都是 $\sin 2x$ 的原函数。( )

28. 由参数方程 $\begin{cases} x=e^t \\ y=e^{-t} \end{cases}$ 确定的函数的导数 $\dfrac{\mathrm{d}y}{\mathrm{d}x}=-e^{2t}$。( )

29. 如果 $f^2(x)$ 在 $[a, b]$ 上可积，那么 $\int_a^b f^2(x)\,dx \geq 0$。（　　　）

30. 设函数 $f(x) = x^3$ 在 $[a, b]$ 上的弧长 $s = \int_a^b \sqrt{1 + 9x^4}\,dx$。（　　　）

31. 根据定积分的几何意义，$\int_{-1}^1 \sqrt{1 - x^2}\,dx = \dfrac{\pi}{2}$。（　　　）

（三）计算题（每题 5 分，共 20 分）

32. 求不定积分 $\int \sin\sqrt{x}\,dx$。

33. 设 $f(x) = \begin{cases} \dfrac{1 - \cos ax}{\sin^2 \dfrac{x}{2}} + 4 &, \quad x < 0, \\[4mm] 6 &, \quad x = 0, \\[4mm] \dfrac{12\displaystyle\int_0^{x^2} at\,dt}{-x^2 \cdot \ln(1 + x^2)} &, \quad x > 0. \end{cases}$

求：（1）a 取何值时，$f(x)$ 在 $x = 0$ 处连续；

（2）a 取何值时，$x = 0$ 是 $f(x)$ 的可去间断点。

34. 设 $x>0$，证明不等式：$\ln(1+x) < x$。

35. 设 S_1 是由曲线 $y = x^3$ 与直线 $y = t^3 (0<t<1)$ 及 y 轴所围图形的面积，S_2 是由曲线 $y = x^3$ 与直线 $y = t^3 (0<t<1)$ 及 $x=1$ 所围图形的面积（如图所示）。求：t 取何值时，$S(t) = S_1 + S_2$ 取到极小值？极小值是多少？

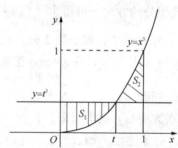

模拟题三

（一）选择题（每题 3 分，共 54 分）

1. 下列函数在给定的极限过程中不是无穷小量的是（　　　）。

A. $\dfrac{1}{x} \cdot \arctan x\ (x \to 0)$ 　　　　B. $\ln(x-2)\ (x \to 2^+)$

C. $\sqrt{x} - \sqrt{x+1}\ (x \to +\infty)$ 　　　　D. $x^2 \cdot \cot x\ (x \to 0^+)$

2. 下列极限计算正确的是（　　　）。

A. $\lim\limits_{x \to 0} \dfrac{e^x}{1 - \cos x} = 0$ 　　　　B. $\lim\limits_{x \to 0}(1 - 2x)^{\frac{3}{x}} = e^{-\frac{3}{2}}$

C. $\lim\limits_{x\to\infty}\dfrac{\sin(x^2-4)}{x-2}=2$ 　　　　　　 D. $\lim\limits_{x\to\infty}\dfrac{2x^3+2x^2+1}{5x^3-3x}=\dfrac{2}{5}$

3. 方程 $x^4-3x^2-1=0$ 在下列哪个区间内至少有一个实根（　　）。

A. $(-1,\ 0)$　　　　 B. $(0,\ 1)$　　　　 C. $(1,\ 2)$　　　　 D. $(2,\ 3)$

4. 设 $f'(x_0)=\dfrac{1}{2}$，则 $\lim\limits_{h\to0}\dfrac{f(x_0-5h)-f(x_0)}{h}=$（　　）。

A. $-\dfrac{5}{2}$　　　　 B. $-\dfrac{2}{5}$　　　　 C. $-\dfrac{1}{10}$　　　　 D. -10

5. 函数 $f(x)=\begin{cases}3, & x<0\\0, & x=0\\-3, & x>0\end{cases}$，则 $f(x)$ 在 $x=0$ 处（　　）。

A. 左导数存在　　　　 B. 右导数存在　　　　 C. 不可导　　　　 D. 可导

6. 曲线 $y=3-xe^y$ 在点 $(0,3)$ 处的切线方程为（　　）。

A. $e^3\cdot x+y-3=0$ 　　　　　　 B. $e^3\cdot x-y+3=0$

C. $e^{-3}\cdot x+y-3=0$ 　　　　　　 D. $e^{-3}\cdot x-y+3=0$

7. 若 $\dfrac{df(x)}{dx}=x(x-2)$，则 $f(x)$ 在区间 $[0,\ 1]$ 上是（　　）。

A. 单调减少且是凸的　　　　　　 B. 单调增加且是凸的

C. 单调减少且是凹的　　　　　　 D. 单调增加且是凹的

8. 关于曲线 $y=\dfrac{x^4}{x-5}$ 渐近线的结论正确的是（　　）。

A. 有水平渐近线 $y=0$ 　　　　　　 B. 有垂直渐近线 $x=5$

C. 既有水平渐近线又有垂直渐近线　　　　 D. 既没有水平渐近线又没有垂直渐近线

9. 下列式子正确的是（　　）。

A. $\displaystyle\int\dfrac{1}{x^4}dx=\dfrac{3}{x^3}+C$ 　　　　　　 B. $\displaystyle\int5^x dx=5^x\cdot\ln5+C$

C. $\displaystyle\int\dfrac{1}{\sqrt{1-x^2}}dx=-\arccos x+C$ 　　　 D. $\displaystyle\int\dfrac{2}{\sqrt{x}}dx=\sqrt{x}+C$

10. 下列式子不正确的是（　　）。

A. $\displaystyle\int f(\cos x)\sin x dx=\int f(\cos x)d\cos x$ 　　 B. $\displaystyle\int\dfrac{f(\frac{1}{x^2})}{x^3}dx=-\dfrac{1}{2}\int f(\dfrac{1}{x^2})d\dfrac{1}{x^2}$

C. $\displaystyle\int\csc^2 x\cdot\cot x dx=-\int\csc x dcsc x$ 　　 D. $\displaystyle\int x^2\cdot f(x^3)dx=3\int f(x^3)dx^3$

11. 设函数 $f(x)$ 的一个原函数是 $\cos x$，则 $\displaystyle\int xf'(x)dx=$（　　）。

A. $-x\sin x+\cos x+C$ 　　　　　　 B. $-x\sin x-\cos x+C$

C. $-x\cos x-\sin x+C$ 　　　　　　 D. $-x\cos x+\sin x+C$

12. $\displaystyle\int\dfrac{1}{x^2+5x-6}dx=$（　　）。

A. $\dfrac{1}{7}\ln\left|\dfrac{x-1}{x+6}\right|+C$ B. $\dfrac{1}{7}\ln\left|\dfrac{x+6}{x-1}\right|+C$ C. $\dfrac{1}{5}\ln\left|\dfrac{x-1}{x+6}\right|+C$ D. $\dfrac{1}{5}\ln\left|\dfrac{x+6}{x-1}\right|+C$

13. 函数 $f(x)$ 在区间 $[a,b]$ 上有界且只有有限个间断点是 $f(x)$ 在区间 $[a,b]$ 上可积的 ( )。

    A. 必要条件   B. 充分条件   C. 充要条件   D. 既非充分也非必要

14. 若函数 $f(x)$ 在区间 $[1,3]$ 上连续，并且在该区间上的平均值是 2，则 $\displaystyle\int_1^3 f(x)\,\mathrm{d}x =$ ( )。

    A. 4   B. 6   C. 8   D. 10

15. $\displaystyle\int_2^5 \dfrac{x}{\sqrt{x-1}}\,\mathrm{d}x =$ ( )。

    A. $\dfrac{7}{3}$ B. $\dfrac{10}{3}$ C. $\dfrac{14}{3}$ D. $\dfrac{20}{3}$

16. 曲线 $y=\sqrt{x}$ 与直线 $x=2$ 及 x 轴所围成的图形绕 x 轴旋转一周形成的旋转体的体积是 ( )。

    A. $\dfrac{\pi}{2}$ B. π C. $\dfrac{3\pi}{2}$ D. 2π

17. (多选)下列选项正确的是( )。

A. $\dfrac{3x}{\sqrt{1+x^3}}\,\mathrm{d}x = \mathrm{d}\left(\sqrt{1+x^3}\right)$

B. 如果函数 $f(x)$ 在 $x=a$ 处可导，那么 $f(x)$ 在 $x=a$ 处连续

C. $y=x^{\sin x}(x>0)$ 的导函数是 $y'=x^{\sin x}\left(\dfrac{\sin x}{x}+\ln x\cdot\cos x\right)$

D. $\dfrac{\pi}{2}\leqslant\displaystyle\int_0^{\frac{\pi}{2}}(\sin x+1)\,\mathrm{d}x\leqslant\pi$

18. (多选)下列式子中正确的是( )。

A. 利用夹逼定理，可得 $\displaystyle\lim_{n\to\infty}\sqrt[n]{1+2^n+3^n}=3$

B. $\dfrac{\mathrm{d}}{\mathrm{d}x}\left(\displaystyle\int_0^2 x^2\,\mathrm{d}x\right)=4$

C. $\displaystyle\int_0^{2\pi}\sqrt{\cos^3 x-\cos^5 x}\,\mathrm{d}x=\int_0^\pi\sqrt{\cos^3 x}\cdot\sin x\,\mathrm{d}x-\int_\pi^{2\pi}\sqrt{\cos^3 x}\cdot\sin x\,\mathrm{d}x$

D. 根据对称区间上奇偶函数积分的方法，可得 $\displaystyle\int_{-1}^1(\cos x+\sin x)x^2\,\mathrm{d}x=2\int_0^1 x^2\cos x\,\mathrm{d}x$

(二)判断题(结论对的选 **T**，错的选 **F**，每小题 **2** 分，共 **26** 分)

19. 如果 $\displaystyle\lim_{x\to a^+}f(x)$ 和 $\displaystyle\lim_{x\to a^-}f(x)$ 都存在，那么 $\displaystyle\lim_{x\to a}f(x)$ 存在。( )

20. $x=2$ 是函数 $y=e^{\frac{1}{x-2}}$ 的第二类间断点。( )

21. 如果数列 $\{x_n\}$ 有界，那么数列 $\{x_n\}$ 不一定有极限。( )

22. 如果 $\displaystyle\lim_{x\to x_0}f(x)$ 存在，$\displaystyle\lim_{x\to x_0}g(x)$ 都不存在，那么 $\displaystyle\lim_{x\to x_0}[f(x)+g(x)]$ 一定不存在。( )

23. 如果函数 $f(x)$ 在点 x_0 处可微，Δx 是自变量 x 在 x_0 点的增量，那么当 $\Delta x \to 0$ 时，$\Delta y - \mathrm{d}y$ 是 Δx 的低阶无穷小。（　　　）

24. 函数 $y = |x|$ 在 $[-1, 1]$ 上满足罗尔定理的条件。（　　　）

25. $\lim\limits_{x \to \infty} \dfrac{x + \sin x}{x - \cos x}$ 不能使用洛必达法则计算，因为 $\dfrac{(x + \sin x)'}{(x - \cos x)'} = \dfrac{1 + \cos x}{1 + \sin x}$ 在 $x \to \infty$ 时极限不存在。（　　　）

26. $\dfrac{\mathrm{d}}{\mathrm{d}x} \displaystyle\int \tan x \, \mathrm{d}x = \tan x$。（　　　）

27. 函数 $-\cos^2 x$、$\dfrac{1}{2}\cos 2x$ 都是 $\sin 2x$ 的原函数。（　　　）

28. 由参数方程 $\begin{cases} x = \sin t \\ y = \cos t \end{cases}$ 确定的函数的导数 $\dfrac{\mathrm{d}y}{\mathrm{d}x} = -\cot t$。（　　　）

29. 如果 $f(x)$ 在 $[a, b]$ 上可积且 $f(x) \geqslant 0$，那么 $\displaystyle\int_a^b f(x)\,\mathrm{d}x \geqslant 0$。（　　　）

30. 设函数 $f(x) = x^2$ 在 $[a, b]$ 的弧长 $s = \displaystyle\int_a^b \sqrt{1 + 4x^2}\,\mathrm{d}x$。（　　　）

31. 根据定积分的几何意义，$\displaystyle\int_0^2 \sqrt{4 - x^2}\,\mathrm{d}x = 2\pi$。（　　　）

（三）计算题（每题 5 分，共 20 分）

32. 求不定积分 $\displaystyle\int \cos\sqrt{x}\,\mathrm{d}x$。

33. 设 $f(x) = \begin{cases} \dfrac{2\sin^2 ax + 4x^2}{e^{x^2} - 1} \, , & x < 0, \\[2mm] 6 \, , & x = 0, \\[2mm] \dfrac{6\displaystyle\int_0^x \sin at^2 \,\mathrm{d}t}{x - \tan x} \, , & x > 0. \end{cases}$

求：（1）a 取何值时，$f(x)$ 在 $x = 0$ 处连续；

（2）a 取何值时，$x = 0$ 是 $f(x)$ 的可去间断点。

34. 设 $x > 0$，证明不等式：$e^x > 1 + x$。

35. 设 S_1 是由曲线 $y = \sqrt{x}$ 与直线 $y = \sqrt{t}\,(0 < t < 1)$ 及 y 轴所围图形的面积，S_2 是由曲线 $y = \sqrt{x}$ 与直线 $y = \sqrt{t}\,(0 < t < 1)$ 及 $x = 1$ 所围图形的面积（如图所示）。求：t 取何值时，$S(t) = S_1 + S_2$ 取到极小值？极小值是多少？

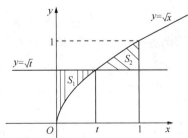

模拟题四

（一）选择题（每题 3 分，共 54 分）

1. 下列函数在给定的极限过程中不是无穷小量的是（　　）。

A. $\dfrac{1}{x} \cdot \operatorname{arccot}x\,(x\to\infty)$

B. $\ln(1-x)\,(x\to 1^-)$

C. $\sqrt{x^2+1}-x\,(x\to+\infty)$

D. $\sin^2 x \cdot \cot x\,(x\to 0)$

2. 下列极限计算正确的是（　　）。

A. $\lim\limits_{x\to 0}\dfrac{\tan x}{\ln(1+x)}=0$

B. $\lim\limits_{x\to\infty}\left(\dfrac{x+1}{x+2}\right)^{x+3}=e^{\frac{1}{2}}$

C. $\lim\limits_{x\to\infty}(x-1)\sin\dfrac{1}{x-1}=0$

D. $\lim\limits_{x\to\infty}\dfrac{3x^4+2x^2+1}{6x^4-3x}=\dfrac{1}{2}$

3. 方程 $x^5-5x-2=0$ 在下列哪个区间内至少有一个实根（　　）。

A. $(-1,\ 0)$　　　　B. $(-3,\ -2)$　　　　C. $(0,\ 1)$　　　　D. $(2,\ 3)$

4. 设 $f'(x_0)=1$，则 $\lim\limits_{h\to 0}\dfrac{f(x_0-h)-f(x_0)}{2h}=$（　　）。

A. -2　　　　B. -1　　　　C. $-\dfrac{1}{2}$　　　　D. 2

5. 函数 $f(x)=\begin{cases}x+2, & x<0\\ 0, & x=0\\ x-2, & x>0\end{cases}$，则 $f(x)$ 在 $x=0$ 处（　　）。

A. 左导数存在　　　B. 右导数存在　　　C. 不可导　　　D. 可导

6. 曲线 $y=xe^y+2$ 在点 $(0,\ 2)$ 处的切线方程为（　　）。

A. $e^2 \cdot x-y+2=0$

B. $e^{-2} \cdot x-y+2=0$

C. $e^2 \cdot x+y+2=0$

D. $e^{-2} \cdot x+y+2=0$

7. 若 $\dfrac{\mathrm{d}f(x)}{\mathrm{d}x}=(x-1)(x-2)$，则 $f(x)$ 在区间 $[2,\ 3]$ 上是（　　）。

A. 单调减少且是凸的　　　　B. 单调增加且是凸的

C. 单调减少且是凹的　　　　D. 单调增加且是凹的

8. 关于曲线 $y=\dfrac{x^3}{x^2-2}$ 渐近线的结论正确的是（　　）。

A. 有水平渐近线 $y=0$

B. 有垂直渐近线 $x=\sqrt{2}$ 和 $x=-\sqrt{2}$

C. 既有水平渐近线又有垂直渐近线

D. 既没有水平渐近线又没有垂直渐近线

9. 下列式子正确的是（　　）。

A. $\displaystyle\int\sqrt[3]{x}\,\mathrm{d}x=\dfrac{4}{3}\sqrt[3]{x^4}+C$

B. $\displaystyle\int 5^x\,\mathrm{d}x=5^x \cdot \ln 5+C$

C. $\displaystyle\int\dfrac{1}{4+x^2}\,\mathrm{d}x=-\dfrac{1}{2}\operatorname{arccot}\dfrac{x}{2}+C$

D. $\displaystyle\int\sec x\,\mathrm{d}x=\ln|\sec x-\tan x|+C$

10. 下列式子不正确的是（   ）。

A. $\int f(\sin^2 x)\sin 2x dx = \int f(\sin^2 x)d\sin^2 x$ B. $\int \dfrac{f(\arcsin x)}{\sqrt{1-x^2}}dx = \int f(\arcsin x)d\arcsin x$

C. $\int \csc^2 x \cdot \cot x dx = -\int \cot x d\cot x$ D. $\int e^{-x} \cdot f(e^{-x})dx = \int f(e^{-x})de^{-x}$

11. 设函数 $f(x)$ 的一个原函数是 $\sin 2x$，则 $\int xf'(x)dx = $（   ）。

A. $2x\cos 2x + \sin 2x + C$ B. $2x\cos 2x - \sin 2x + C$

C. $2x\sin x + \cos 2x + C$ D. $2x\sin x - \cos 2x + C$

12. $\int \dfrac{1}{x^2 - 5x + 6}dx = $（   ）。

A. $\ln\left|\dfrac{x-3}{x-2}\right| + C$ B. $\ln\left|\dfrac{x-2}{x-3}\right| + C$ C. $-\dfrac{1}{5}\ln\left|\dfrac{x-3}{x-2}\right| + C$ D. $-\dfrac{1}{5}\ln\left|\dfrac{x-2}{x-3}\right| + C$

13. 关于定积分的定义，下列结论错误的是（   ）。

A. 定积分的值与积分变量用什么符号表示有关

B. 定积分的值与被积函数有关

C. 定积分的值与积分区间 $[a, b]$ 有关

D. $\lim\limits_{\lambda \to 0}\sum\limits_{i=1}^{n}f(\xi_i)\Delta x_i$ 存在与区间 $[a, b]$ 的分法及 ξ_i 的取法无关

14. 若函数 $f(x)$ 在区间 $[2, 6]$ 上连续，并且在该区间上的平均值是 3，则 $\int_2^6 f(x)dx = $
（   ）。

A. 4   B. 8   C. 12   D. 16

15. $\int_1^5 \dfrac{x}{\sqrt{2x-1}}dx = $（   ）。

A. $\dfrac{13}{3}$ B. $\dfrac{16}{3}$ C. $\dfrac{26}{3}$ D. $\dfrac{32}{3}$

16. 曲线 $y = \sin x(0 \leq x \leq \pi)$ 与 x 轴所围成的图形绕 x 轴旋转一周形成的旋转体的体积是
（   ）。

A. $\dfrac{\pi^2}{8}$ B. $\dfrac{\pi^2}{6}$ C. $\dfrac{\pi^2}{4}$ D. $\dfrac{\pi^2}{2}$

17. （多选）下列选项正确的是（   ）。

A. 如果函数 $f(x)$ 在 $x=a$ 处不可导，那么 $f(x)$ 在 $x=a$ 处不连续

B. $(2+x)e^{2x}dx = d(xe^{2x})$

C. $y = (\sin x)^x(0 < x < \pi)$ 的导函数是 $y' = (\sin x)^x \cdot (x\cot x + \ln\sin x)$

D. $\dfrac{\pi}{2} \leq \int_0^{\frac{\pi}{2}}(1+\cos x)dx \leq \pi$

18. （多选）下列式子中正确的是（   ）。

A. 利用夹逼定理，可得 $\lim\limits_{n \to \infty}\sqrt[n]{1+3^n+4^n} = 4$

B. $\int_0^\pi \sqrt{\sin^3 x - \sin^5 x}\,\mathrm{d}x = \int_0^{\frac{\pi}{2}} \sqrt{\sin^3 x} \cdot \cos x\,\mathrm{d}x - \int_{\frac{\pi}{2}}^\pi \sqrt{\sin^3 x} \cdot \cos x\,\mathrm{d}x$

C. $\dfrac{\mathrm{d}}{\mathrm{d}x}\left(\int_1^e \ln x\,\mathrm{d}x\right) = 1$

D. 根据对称区间上奇偶函数积分的方法，可得 $\int_{-1}^1 (\tan x + \cos x)x^2\,\mathrm{d}x = 2\int_0^1 x^2\cos x\,\mathrm{d}x$

（二）判断题（结论对的选 T，错的选 F，每小题 2 分，共 26 分）

19. 如果 $\lim\limits_{x\to a^+}f(x)$ 和 $\lim\limits_{x\to a^-}f(x)$ 相等，那么 $\lim\limits_{x\to a}f(x)$ 不一定存在。（　　）

20. $x=3$ 是函数 $y = e^{\frac{1}{x-3}}$ 的第二类间断点。（　　）

21. 如果函数 $f(x)$ 在 $x\to 0$ 时有极限，那么 $f(x)$ 必定有界。（　　）

22. 如果函数 $f(x)$ 在点 x_0 处连续，$g(x)$ 在点 x_0 处不连续，那么 $f(x)+g(x)$ 在点 x_0 处一定不连续。（　　）

23. 如果函数 $f(x)$ 在点 x_0 处可微，Δx 是自变量 x 在 x_0 点的增量，那么当 $\Delta x \to 0$ 时，$\Delta y - \mathrm{d}y$ 是 Δx 的等价无穷小。（　　）

24. 函数 $y = |x-1|$ 在 $[0,2]$ 上满足罗尔定理的条件。（　　）

25. $\dfrac{\mathrm{d}}{\mathrm{d}x}\int \cot x\,\mathrm{d}x = \cot x$。（　　）

26. $\lim\limits_{x\to\infty}\dfrac{x-\sin x}{x+\cos x}$ 不能使用洛必达法则计算，因为 $\dfrac{(x-\sin x)'}{(x+\cos x)'} = \dfrac{1-\cos x}{1-\sin x}$ 在 $x\to\infty$ 时极限不存在。（　　）

27. 函数 $1+\sin^2 x$、$-\cos^2 x$ 都是 $\sin 2x$ 的原函数。（　　）

28. 由参数方程 $\begin{cases} x = 1+t^2 \\ y = 1+t^3 \end{cases}$ 确定的函数的导数 $\dfrac{\mathrm{d}y}{\mathrm{d}x} = \dfrac{2}{3t}$。（　　）

29. 如果函数 $f(x)$ 在 $[a,b]$ 上可积且 $f(x)\leqslant 0$，那么 $\int_a^b f(x)\,\mathrm{d}x \leqslant 0$。（　　）

30. 函数 $f(x) = \sin x$ 在区间 $\left[0,\dfrac{\pi}{2}\right]$ 上的弧长 $s = \int_0^{\frac{\pi}{2}} \sqrt{1+\cos^2 x}\,\mathrm{d}x$。（　　）

31. 根据定积分的几何意义，$\int_1^2 \sqrt{1-(x-1)^2}\,\mathrm{d}x = \dfrac{\pi}{2}$。（　　）

（三）计算题（每题 5 分，共 20 分）

32. 求不定积分 $\int \sec^2\sqrt{x}\,\mathrm{d}x$。

33. 设 $f(x) = \begin{cases} \dfrac{6(1-\sqrt{1+2ax^3})}{\ln(1+x^3)} & , \quad x < 0, \\[4mm] 6 & , \quad x = 0, \\[4mm] \dfrac{\int_0^{ax}\sin t\,\mathrm{d}t + \sin^2 x}{x\cdot\tan\dfrac{x}{4}} & , \quad x > 0. \end{cases}$

求：（1）a 取何值时，$f(x)$ 在 $x=0$ 处连续；

（2）a 取何值时，$x=0$ 是 $f(x)$ 的可去间断点。

34. 设 $x>1$，证明不等式：$e^x>ex$。

35. 设 S_1 是由曲线 $y=(x-1)^2$ 与直线 $y=(t-1)^2(1<t<2)$ 及 y 轴所围图形的面积，S_2 是由曲线 $y=(x-1)^2$ 与直线 $y=(t-1)^2(1<t<2)$ 及 $x=1$ 所围图形的面积（如图所示）。求：t 取何值时，$S(t)=S_1+S_2$ 取到极小值？极小值是多少？

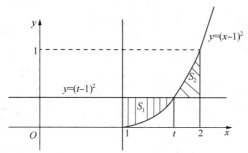

模拟题参考答案

模拟题一

（一）选择题

1. B;	2. D;	3. C;	4. C;	5. C;	6. A;
7. D;	8. B;	9. C;	10. D;	11. B;	12. A;
13. B;	14. B;	15. C;	16. D;	17. ACD;	18. ABD

（二）判断题

19. F;	20. T;	21. T;	22. F;	23. T;	24. F;
25. T;	26. F;	27. F;	28. F;	29. T;	30. T; 31. F

（三）计算题

32. $2e^{\sqrt{x+1}}(\sqrt{x+1}-1)+c$（换元积分法，令 $t=\sqrt{x+1}$）。

33.（1）$a=-1$；（2）$a=-2$。

34. 证法 1

证明：设 $f(t)=\ln(1+t)$，函数 $f(t)$ 在 $[0, x]$ 上连续，在 $(0, x)$ 内可导，且 $f'(t)=\frac{1}{1+t}$，则至少存在一点 $\xi\in(0, x)$，使得 $f(x)-f(0)=f'(\xi)\cdot x$，即 $f(x)-f(0)=\frac{1}{1+\xi}\cdot x>\frac{x}{1+x}$，即证 $\ln(1+x)>\frac{x}{1+x}$。

证法 2

证明：设 $f(x)=\ln(1+x)-\frac{x}{1+x}$，则 $f'(x)=\frac{1}{1+x}-\frac{1}{(1+x)^2}=\frac{x}{(1+x)^2}$，当 $x>0$ 时，有 $f'(x)>0$，故函数 $f(x)$ 为单调递增，则 $f(x)>f(0)=0$，即 $\ln(1+x)>\frac{x}{1+x}$。

35. $t=\frac{1}{2}$，极小值 $s=\frac{1}{4}$。

模拟题二

（一）选择题

1. B;	2. D;	3. C;	4. B;	5. C;	6. A;
7. D;	8. B;	9. C;	10. D;	11. B;	12. A;
13. A;	14. B;	15. D;	16. C;	17. ABC;	18. BCD

（二）判断题

19. F;	20. T;	21. F;	22. F;	23. F;	24. F;

25. T;　　　26. F;　　　27. T;　　　28. F;　　　29. T;　　　30. T;

31. F

（三）计算题

32. $-2\sqrt{x}\cos\sqrt{x}+3\sin\sqrt{x}+c$。（本题采用换元积分法，令 $t=\sqrt{x}$，再进行分部积分）

33. （1）$a=-1$；（2）$a=-2$。

34. 证明：令 $f(x)=\ln(1+x)-x$，当 $x>0$ 时，$f'(x)=\dfrac{1}{1+x}-1=-\dfrac{x}{1+x}<0$，则有 $f(x)$ 在 $(0,$ $+\infty)$ 上单调递减，所以 $f(x)<f(0)=0$，即 $\ln(1+x)<x$。

35. $t=\dfrac{1}{2}$，极小值 $s=\dfrac{2}{3}-\dfrac{\sqrt{2}}{3}$。

模拟题三

（一）选择题

1. B;　　　2. D;　　　3. C;　　　4. A;　　　5. C;　　　6. A;

7. C;　　　8. B;　　　9. C;　　　10. D;　　　11. B;　　　12. A;

13. B;　　　14. A;　　　15. D;　　　16. D;　　　17. BCD;　　　18. ACD

（二）判断题

19. F;　　　20. T;　　　21. T;　　　22. T;　　　23. F;　　　24. F;

25. T;　　　26. F;　　　27. F;　　　28. F;　　　29. T;　　　30. T;

31. F

（三）计算题

32. $2\sqrt{x}\sin\sqrt{x}+\cos\sqrt{x}+c$（换元积分法，令 $t=\sqrt{x}$）。

33. （1）$a=-1$；（2）$a=-2$。

34. 证明：设 $f(x)=e^x-x-1$，$f'(x)=e^x-1$，当 $x>0$ 时，$f'(x)>0$，则 $f(x)$ 在 $(0,+\infty)$ 上单调递增，即 $f(x)>f(0)=0$，所以有 $e^x>x+1$。

35. $t=\dfrac{3}{2}$，极小值 $s=\dfrac{1}{4}$。

模拟题四

（一）选择题

1. B;　　　2. D;　　　3. A;　　　4. C;　　　5. C;　　　6. A;

7. D;　　　8. B;　　　9. C;　　　10. D;　　　11. B;　　　12. A;

13. A;　　　14. C;　　　15. B;　　　16. D;　　　17. CD;　　　18. ABD

（二）判断题

19. F;　　　20. T;　　　21. F;　　　22. T;　　　23. F;　　　24. F;

25. T;　　　26. T;　　　27. T;　　　28. F;　　　29. T;　　　30. T;

31. F

（三）计算题

32. $2\sqrt{x}\tan\sqrt{x}+2\ln\left|\cos\sqrt{x}\right|+c$（换元积分法，令 $t=\sqrt{x}$）。

33. （1）$a=-1$；（2）$a=-2$。

34. 证明：设 $f(x)=e^x-ex$，$f'(x)=e^x-e$，当 $x>1$ 时，$f'(x)>0$，则 $f(x)$ 在 $(1,+\infty)$ 上单调递增，即 $f(x)>f(1)=0$，所以有 $e^x>ex$。

35. $t=\dfrac{1}{2}$，极小值 $s=\dfrac{7}{32}$。

强化练习题参考答案

第一章

（一）选择题

1. A;   2. B;   3. D;   4. C;   5. C;   6. C;
7. C;   8. A;   9. D;   10. D;   11. B;   12. B;
13. A;   14. C;   15. A;   16. A;   17. A;   18. C;
19. C

（二）填空题

1. $-\dfrac{\sqrt{2}}{2}$;   2. $-\sqrt{3}<x\leqslant-\sqrt{2}$ 或 $\sqrt{2}\leqslant x<\sqrt{3}$;   3. $x^2-1\,(x\geqslant1)$;   4. $2x-\dfrac{1}{x}$;

5. $(-3,-1)$;   6. $\dfrac{1}{2}$;   7. $(0,1)\cup(1,+\infty)$;   8. -1

（三）计算题

1. $a=\dfrac{1}{3}$, $b=1$;   2. -14;   3. $\dfrac{2}{3}$;   4. $-3<x<1$;   5. $\dfrac{5}{4}$;

6. $\sin\alpha=\dfrac{\sqrt{14}+2}{6}$, $\cos\alpha=\dfrac{\sqrt{14}-2}{6}$;

7. （1）$-1<x<1$;   （2）证明：$f(-x)=\log_a\dfrac{1-x}{1+x}=-\log_a\dfrac{1+x}{1-x}=-f(x)$，故 $f(x)$ 为奇函数；

（3）当 $0<a<1$ 时，解集为 $\{x\mid-1<x<0\}$；当 $a>1$ 时，解集为 $\{x\mid0<x<1\}$；

8. （1）$\dfrac{\pi}{6}$;   （2）$\dfrac{\pi}{6}$;   （3）$-\dfrac{\pi}{3}$;   （4）$\dfrac{1}{2}$;

9. $(-4,-1)\cup(1,4)$;   10. 定义域 $[-1,2]$，值域 $\left[-\dfrac{\pi}{2},\dfrac{\pi}{2}\right]$;

11. 单调递增区间 $\left(\dfrac{1}{2},+\infty\right)$，单调递减区间 $\left(-\infty,\dfrac{1}{2}\right)$;

12. （1）$\dfrac{1}{4}$;   （2）$\dfrac{6}{13}$;   （3）2;   （4）22;

13. （1）$-\dfrac{4}{3}$;   （2）$-\dfrac{25}{7}$;

14. -1;   15. $T=\pi$，最大值为 2，最小值为 -2

第二章

（一）选择题

1. C;   2. C;   3. B;   4. D;   5. C;   6. B;

7. A；　　　8. C；　　　9. D；　　　10. B；　　　11. C；　　　12. C；

13. A；　　　14. A；　　　15. B

(二) 填空题

1. 1；　　2. $\sqrt{3}x-y-3\sqrt{3}+1=0$；　　3. 三；　　4. $\sqrt{3}x-y+5=0$；

5. $\alpha=\pi-\arctan\dfrac{4}{3}$ 或 $\alpha=\pi-\arccos\dfrac{3}{5}$；　　6. $x^2+(y-2)^2=1$；　　7. $\sqrt{2}$；

8. $x^2+(y-1)^2=10$；　　9. $x^2+y^2=4$；　　10. 7；　　11. $e=\dfrac{\sqrt{3}}{2}$；

12. $0<k<1$；　　13. $x^2-\dfrac{y^2}{9}=1$；　　14. $e=\sqrt{\dfrac{5}{3}}$；　　15. $m=1$；

16. $\dfrac{15}{16}$；　　17. $y^2=-8x$ 或 $x^2=-y$；

18. $\dfrac{\sqrt{3}}{2}x+\dfrac{1}{2}y=1$；　　19. $\begin{cases}\rho=2\\\theta=\dfrac{5\pi}{3}\end{cases}$；　　20. $\dfrac{x^2}{12}+\dfrac{y^2}{18}=1$

(三) 计算题

1. $\dfrac{x}{10}-\dfrac{y}{6}=1$；　　2. $\theta=\dfrac{\pi}{6}$ 或 $\theta=\dfrac{5\pi}{6}$；

3. $(x-2)^2+(y-1)^2=16$ 或 $\left(x-\dfrac{26}{5}\right)^2+\left(y-\dfrac{13}{5}\right)^2=16$；

4. $x^2+y^2-11x+3y-30=0$；

5. (1) $3<k<9$ 椭圆；　(2) $k<3$ 或 $k>9$ 双曲线；　(3) $k=6$ 圆；

6. 提示：讨论六种情形($\alpha=0$，$\alpha=\dfrac{\pi}{4}$，$\alpha=\dfrac{\pi}{2}$，$0<\alpha<\dfrac{\pi}{4}$，$\dfrac{\pi}{4}<\alpha<\dfrac{\pi}{2}$，$\dfrac{\pi}{2}<\alpha<\pi$)；

7. $\dfrac{x^2}{3}-y^2=1$；　　8. $-\dfrac{\sqrt{3}}{2}<k<\dfrac{\sqrt{3}}{2}$；　　9. $|MN|=6\sqrt{2}$

10. $|AB|=\sqrt{5}$；　　11. $\rho=-2\sqrt{2}\cos\theta$；　　12. $\left(x-\sqrt{3}\right)^2+(y+1)^2=4$

13. (1) $y=1+2x$；　(2) 相交

第三章

A 题

(一) 选择题

1. B；　　2. B；　　3. B；　　4. C；　　5. C；　　6. D；

7. A；　　8. D；　　9. D；　　10. B；　　11. D；　　12. B；

13. D；　　14. C；　　15. C；　　16. B；　　17. B

(二) 判断题

1. F；　　2. T；　　3. T；　　4. T；　　5. T；　　6. F；

7. T；　　8. T；　　9. T；　　10. T；　　11. F；　　12. F

（三）填空题

1. $\dfrac{1}{2}$；　2. $\dfrac{2}{3}$；　3. $a=1$，$b=-3$；　4. $(2，+\infty)$；　5. $a=b$；　6. $\dfrac{1}{4}$

（四）计算题

1. $-\dfrac{1}{2}$；　2. $\dfrac{1-b}{1-a}$；　3. 1；　4. -1；　5. ∞；　6. $\dfrac{m}{n}$；

7. $\dfrac{1}{e}$；　8. e^4；　9. 2；　10. 216；　11. -1；　12. $\dfrac{1}{2}$；

13. 0，$\dfrac{1}{2}$，$\dfrac{1}{3}$；　14. e^3；　15. -3；　16. -2；　17. $-3\ln2$

（五）讨论题

1. 解：$\lim\limits_{x\to 0^+}e^{\frac{1}{x-1}}=\dfrac{1}{e}$，$\lim\limits_{x\to 0^-}\ln(1+x)=0$，$\lim\limits_{x\to 0^+}f(x)\ne\lim\limits_{x\to 0^-}f(x)$，故 $x=0$ 为函数的跳跃间断点，

又因为 $\lim\limits_{x\to 1^+}e^{\frac{1}{x-1}}=+\infty$，$\lim\limits_{x\to 1^-}e^{\frac{1}{x-1}}=0$，故 $x=1$ 为函数的第二类间断点。

2. 解：$\lim\limits_{x\to 0^-}\arctan\dfrac{1}{x}=-\dfrac{\pi}{2}$，$\lim\limits_{x\to 0^+}\arctan\dfrac{1}{x}=\dfrac{\pi}{2}$，故 $x=0$ 为函数的跳跃间断点。

3. 解：原式 $=\lim\limits_{x\to\frac{1}{2}}\dfrac{(2x+1)(2x-1)}{2x-1}=\lim\limits_{x\to\frac{1}{2}}(2x+1)=2=f\left(\dfrac{1}{2}\right)$，故函数 $f(x)$ 在 $x=\dfrac{1}{2}$ 处连续，

故函数 $f(x)$ 在其定义域内连续。

4. 解：因为函数 $f(x)$ 在 $x=0$ 处连续，故有 $\lim\limits_{x\to 0^-}\dfrac{1}{x}\sin x=1=f(0)=k$，得 $k=1$.

（六）证明题

证明：设 $f(x)=x-a\sin x-b$，$f(0)=-b<0$，又因为

$f(a+b)=(a+b)-a\sin(a+b)-b=a-a\sin(a+b)\geqslant 0$，$f(0)\cdot f(a+b)\leqslant 0$，故至少存在一点 $\xi\in(0，a+b]$，使得 $f(\xi)=0$，即方程 $x=a\sin x+b(a>0，b>0)$ 至少有一个不大于 $a+b$ 的正根。

B 题

(一)选择题

1. B；　　2. C；　　3. B；　　4. D；　　5. D

（二）填空题

1. -1；　2. 一、二；　3. $-\ln2$；　4. $y=3$；　5. $\left(\dfrac{2}{3}\right)^{15}$

（三）计算题

1. 解：$\lim\limits_{n\to\infty}x_n=\lim\limits_{n\to\infty}\left[\dfrac{1}{2}+\dfrac{1}{6}+\cdots+\dfrac{1}{n^2+n}\right]=\lim\limits_{n\to\infty}\left[1-\dfrac{1}{2}+\dfrac{1}{2}-\dfrac{1}{3}+\cdots+\dfrac{1}{n}-\dfrac{1}{n+1}\right]$

$=\lim\limits_{n\to\infty}\left[1-\dfrac{1}{n+1}\right]=1$。

2. 解：$\lim\limits_{x\to\infty}\left(\dfrac{3x-1}{1+3x}\right)^{x+2}=\lim\limits_{x\to\infty}\left(\dfrac{3x-1}{1+3x}\right)^{2}\left(\dfrac{3x-1}{1+3x}\right)^{x}=1\cdot\lim\limits_{x\to\infty}\left(\dfrac{3x-1}{3x+1}\right)^{x}=\lim\limits_{x\to\infty}\left(\dfrac{1-\dfrac{1}{3x}}{1+\dfrac{1}{3x}}\right)^{x}$

$\qquad=\dfrac{e^{-\frac{1}{3}}}{e^{\frac{1}{3}}}=e^{-\frac{2}{3}}$。

3. 解：$\lim\limits_{x\to\frac{\pi}{2}}\dfrac{\ln(1+\cos x)}{\dfrac{\pi}{2}-x}=\lim\limits_{x\to\frac{\pi}{2}}\dfrac{\cos x}{\dfrac{\pi}{2}-x}=\lim\limits_{x\to\frac{\pi}{2}}\dfrac{\sin\left(\dfrac{\pi}{2}-x\right)}{\dfrac{\pi}{2}-x}=1$。

4. 解：$\lim\limits_{x\to0}\dfrac{1}{x}\ln\sqrt{\dfrac{1+x}{1-x}}=\lim\limits_{x\to0}\dfrac{1}{2}\ln\left(\dfrac{1+x}{1-x}\right)^{\frac{1}{x}}=\dfrac{1}{2}\ln\left[\lim\limits_{x\to0}\dfrac{(1+x)^{\frac{1}{x}}}{(1-x)^{\frac{1}{x}}}\right]=\dfrac{1}{2}\ln e^{2}=1$。

5. 解：$\lim\limits_{x\to1}\dfrac{\alpha(x)}{\beta(x)}=\lim\limits_{x\to1}\dfrac{\dfrac{1-x}{1+x}}{1-\sqrt[3]{x}}=\lim\limits_{x\to1}\dfrac{1-x}{(1+x)(1-\sqrt[3]{x})}=\lim\limits_{x\to1}\dfrac{(1-)\sqrt[3]{x}(1+\sqrt[3]{x}+\sqrt[3]{x^2})}{(1+x)(1-\sqrt[3]{x})}$

$=\lim\limits_{x\to1}\dfrac{1+\sqrt[3]{x}+\sqrt[3]{x^2}}{1+x}=\dfrac{3}{2}$，所以当 $x\to1$ 时，$\alpha(x)$ 与 $\beta(x)$ 是同阶无穷小。

6. （1）$a=0$，$b=1$，c 为任意常数．（2）$a\neq0$，b，c 为任意常数。

7. 解：$\lim\limits_{x\to0}\dfrac{\sqrt{1+f(x)\sin x}-1}{e^{3x}-1}=\lim\limits_{x\to0}\dfrac{\dfrac{1}{2}f(x)\sin x}{3x}=\dfrac{1}{6}\lim\limits_{x\to0}f(x)=2$，故 $\lim\limits_{x\to0}f(x)=12$。

8. 解：$f_{-}(0)=\lim\limits_{x\to0^{-}}\dfrac{x+a}{2+e^{\frac{1}{x}}}=\dfrac{a}{2}$，$f_{+}(0)=\lim\limits_{x\to0^{+}}\dfrac{\sin x\cdot\tan\dfrac{x}{2}}{1-\cos x}=\lim\limits_{x\to0^{+}}\dfrac{x\cdot\dfrac{x}{2}}{2x^{2}}=\dfrac{1}{4}$，因为 $\lim\limits_{x\to0}f(x)$ 存在，

故 $\dfrac{a}{2}=\dfrac{1}{4}$，即 $a=\dfrac{1}{2}$。

9. 解：$f_{-}(0)=\lim\limits_{x\to0^{-}}\dfrac{2x}{\sqrt{1+x}-\sqrt{1-x}}=\lim\limits_{x\to0^{-}}\dfrac{2x(\sqrt{1+x}+\sqrt{1-x})}{1+x-(1-x)}=2$，

$f_{+}(0)=\lim\limits_{x\to0^{+}}(3-e^{\sin x})=2$，即 $f_{-}(0)=f_{+}(0)=f(0)$，故函数 $f(x)$ 在 $x=0$ 处连续。

10. 解：$\lim\limits_{x\to-1^{-}}(1-x)=2$，$\lim\limits_{x\to-1^{+}}\cos\dfrac{\pi x}{2}=0$，即 $\lim\limits_{x\to-1^{-}}f(x)\neq\lim\limits_{x\to-1^{+}}f(x)$，故 $x=-1$ 为跳跃间断

点；$\lim\limits_{x\to1^{+}}(x-1)=0$，$\lim\limits_{x\to1^{-}}\cos\dfrac{\pi x}{2}=0$，$\lim\limits_{x\to1^{-}}f(x)=\lim\limits_{x\to1^{+}}f(x)=f(1)=0$，故 $x=1$ 为函数的连续点，综

上可知，间断点只有 $x=-1$。

第四章

A 题

（一）选择题

1. D；　　2. C；　　3. B；　　4. B；　　5. B；　　6. B；

7. B;   8. D;   9. B;   10. D;   11. A;   12. B;

13. D;   14. A;   15. B;   16. B;   17. C;   18. D;

19. D

(二) 判断题

1. F;   2. F;   3. F;   4. F;   5. T;   6. T;

7. T;   8. F;   9. F;   10. T

(三) 填空题

1. $-\dfrac{1}{6}$;   2. $x=x_0$;   3. 4;   4. $\dfrac{1}{\sqrt{x}\cdot\sin 2\sqrt{x}}\mathrm{d}x$;   5. $2\mathrm{d}x$;

6. $e^x\ln x+\dfrac{e^x}{x}$;   7. $\ln\tan x$; $\dfrac{2}{\sin 2x}$;   8. ab;   9. 0; 1;   10. $-\dfrac{3}{2}$

(四) 计算题

1. $y'=\dfrac{2}{x^3}+6x$;   2. $\dfrac{e^x}{\sqrt{1+e^{2x}}}$;   3. $y'=\dfrac{\cos x}{\sqrt{1-(\sin x)^2}}=\dfrac{\cos x}{|\cos x|}$;

4. $\dfrac{1}{\sin x}+\sin x$;   5. $\dfrac{1}{\sqrt{x}}\cdot\dfrac{1}{1-x}$;   6. $y'=\left(\dfrac{x}{1+x}\right)^x\left[\left(\dfrac{1}{1+x}\right)+\ln\left(\dfrac{x}{1+x}\right)\right]$;

7. $y'=(\tan x)^{\sin x}[\cos x\cdot\ln(\tan x)+\sec x]$;   8. $y'|_{(2,0)}=-\dfrac{1}{2}$;

9. $y=\dfrac{(x+1)^2\sqrt[3]{3x-2}}{\sqrt[3]{(x-1)^2}}\left[\dfrac{2}{x+1}+\dfrac{1}{3x-2}-\dfrac{2}{3(x-1)}\right]$;   10. $\dfrac{\mathrm{d}y}{\mathrm{d}x}\bigg|_{t=\frac{\pi}{2}}=-1$;

11. $y'=\dfrac{2xy}{3y^2-x^2}$;   12. $y''(x)=\dfrac{3}{4t}$;

13. 解: $\lim\limits_{x\to 0}x\arctan\dfrac{1}{x}=0=f(0)$, 故 $f(x)$ 在 $x=0$ 处连续。又

$$f'_-(0)=\lim_{x\to 0^-}\dfrac{f(x)-f(0)}{x-0}=\lim_{x\to 0^-}\arctan\dfrac{1}{x}=-\dfrac{\pi}{2},$$

$$f'_+(0)=\lim_{x\to 0^+}\dfrac{f(x)-f(0)}{x-0}=\lim_{x\to 0^+}\arctan\dfrac{1}{x}=\dfrac{\pi}{2},$$

故 $f(x)$ 在 $x=0$ 处不可导。

14. $a=2$, $b=-1$, $f'(x)=\begin{cases}2e^{2x}, & x\leqslant 0,\\ 2\cos 2x, & x>0。\end{cases}$

(五) 应用题

1. 切线方程为 $2x-y=0$; 法线方程为 $x+2y=0$;   2. 点 $(-1,-2)$, $x+y+3=0$;

3. $a=2$, $b=-3$;   4. 切线方程为 $x+2y-3=0$, 法线方程为 $2x-y-1=0$;

5. $a=\dfrac{e}{2}-2$, $b=1-\dfrac{e}{2}$, $c=1$。

B 题

(一) 选择题

1. B; 　　　2. B; 　　　3. D; 　　　4. A; 　　　5. B

(二) 填空题

1. $\varphi(a)$; 　　2. $(1+\cos x)\cos(x+\sin x)$; 　　3. $y''=-\csc^2 x$; 　　4. $2f'(x_0)$; 　　5. $\dfrac{4}{3}$

(三) 计算题

1. 2; 　　2. $\dfrac{2x}{1+x^4}+2\ln5\cdot5^{2x}$; 　　3. $y'(0)=\dfrac{1}{\pi}$;

4. $y'=f'(e^{x^2})\cdot e^{x^2}\cdot2x$; 　　5. $\dfrac{2\sqrt{5}}{5}$; 　　6. $y''=\dfrac{e^{2y}(3-y)}{(2-y)^3}$; 　　7. $y'=\dfrac{\ln\cos y-y\cot x}{\ln\sin x+x\tan y}$.

第五章

A 题

(一) 选择题

1. D; 　　2. A; 　　3. D; 　　4. A; 　　5. D; 　　6. A;

7. A; 　　8. C; 　　9. B; 　　10. D; 　　11. A; 　　12. C;

13. B; 　　14. C; 　　15. B; 　　16. A; 　　17. B; 　　18. D;

19. B; 　　20. A; 　　21. A; 　　22. A; 　　23. D; 　　24. C;

25. B; 　　26. D

(二) 填空题

1. $(0,2)$; 　　2. -8; 　　3. $-\dfrac{3}{2}$; $\dfrac{9}{2}$; 　　4. $\left(\dfrac{1}{2},+\infty\right)$; 　　5. 3, 1; 　　6. 1

(三) 判断题

1. F; 　　2. T; 　　3. T; 　　4. T; 　　5. T; 　　6. F; 　　7. F; 　　8. F

(四) 计算题

1. 4; 　　2. $\dfrac{2}{3}$; 　　3. $-\dfrac{1}{8}$; 　　4. e;

5. $(-\infty,-1)$, $\left(-\dfrac{1}{2},1\right)$ 为单调递减区间, $\left(-1,-\dfrac{1}{2}\right)$, $(1,+\infty)$ 为单调递增区间, 在 $x=\pm1$ 处取得极小值 0, 在 $x=-\dfrac{1}{2}$ 处取得极大值 $\dfrac{9}{8}\sqrt[3]{2}$;

6. $a=2$, $b=-3$, $c=1$, $d=2$; 　　7. 略。

(五) 证明题

1. 略; 2. 略。

B 题

(一) 选择题

1. A; 　　2. D; 　　3. B; 　　4. A; 　　5. B; 　　6. B

（二）填空题

1. $x=x_0$；　2. $\dfrac{\sqrt{21}}{3}$；　3. $y=0$；　4. $\left(-\dfrac{\pi}{2},\ \dfrac{\pi}{2}\right)$；　5. 2

（三）计算题

1. -3；　2. 0；　3. $\dfrac{1}{3}$；　4. 0；

5. $(-\infty,\ -1)$，$(-1,\ 0)$为函数的凸区间，$(0,\ +\infty)$为函数的凹区间，拐点为$\left(0,\ \dfrac{\pi}{4}\right)$；

6. $k=\pm\dfrac{1}{4\sqrt{2}}$

（四）证明题

1. 略；2. 略．

第六章

A 题

（一）选择题

1. A；　　　2. C；　　　3. A；　　　4. D；　　　5. C；　　　6. B；

7. B；　　　8. B；　　　9. B；　　　10. D；　　　11. A；　　　12. C

（二）判断题

1. T；　　　2. T；　　　3. F；　　　4. T；　　　5. F；　　　6. T；

7. T；　　　8. F；　　　9. F；　　　10. T

（三）填空题

1. $f(x)\mathrm{d}x$；　2. $\dfrac{1}{4}\ln\left|\dfrac{x-1}{x+3}\right|+c$；　3. $xf'(x)-f(x)+c$；　4. $x\cos x-\sin x+c$；　5. $\sin x+c$；

6. $\dfrac{1}{4}f^2(x^2)+c$；　7. $\ln|x+\cos x|+c$；　8. $-\dfrac{1}{2}$；

9. $y=-\dfrac{1}{2}x^2+2x+3$；　10. $\dfrac{1}{ab}\arctan\dfrac{bx}{a}+c$；　$\dfrac{1}{b}\arcsin\dfrac{bx}{a}+c$。

（四）计算题

1. $\dfrac{1}{2(1-x)^2}+c$；　2. $x^3+\arctan x+c$；　3. $\dfrac{1}{2}\ln(x^2+4x+8)+c$；

4. $\dfrac{4}{7}x^{\frac{7}{4}}+4x^{\frac{-1}{4}}+c$；　5. $\ln(x+\sqrt{x^2-2x+5})+c$；　6. $-\dfrac{1}{2}\cot x+c$；

7. $x\tan x+\ln|\cos x|+c$；　8. $\tan x-x+c$；　9. $2\sqrt{3-\cos^2 x}+c$；

10. $\arcsin\dfrac{2x-1}{\sqrt{5}}+c$；　11. $\dfrac{2}{9}\sqrt{9x^2-4}-\ln\left|\dfrac{3x-2}{3x+2}\right|+c$；

12. $\dfrac{1}{14}\sin 7x+\dfrac{1}{2}\sin x+c$；　13. $2\sqrt{x}-2\arctan\sqrt{x}+c$；

14. $-\cos x\ln(\tan x)+\ln|\csc x-\cot x|+c$；

15. $\dfrac{1}{2}\ln\left|\dfrac{\sqrt{x+1}-2}{\sqrt{x+1}+2}\right|+c$;   16. $\left(\dfrac{x^3}{3}-x^2\right)\ln x-\dfrac{x^3}{9}+\dfrac{1}{2}x^2+c$

B 题

(一)选择题

1. B;   2. D;   3. C;   4. D;   5. D

(二) 填空题

1. $\dfrac{1}{2}\ln x+c$;   2. $F(\ln x)+c$;   3. $\dfrac{1}{x}+c$;   4. $2e^{\sqrt{x}}+c$;

5. $\dfrac{2}{\sqrt{1-4x^2}}$;   6. $-\dfrac{1}{3}\sqrt{1-x^3}+c$;   7. $2xe^{2x}(1+x)$.

(三) 计算题

1. $-\dfrac{1}{x}+\arctan x+c$;   2. $\dfrac{1}{2}(\ln x)^2+2\ln x+c$;   3. $\sqrt{2x-3}-\ln\left|1+\sqrt{2x-3}\right|+c$;

4. $\dfrac{x}{9\sqrt{9+x^2}}+c$;   5. $x\ln(x^2+1)-2x+2\arctan x+c$;

6. $\dfrac{1}{2}\ln|x^2-4x+5|+2\arctan(x-2)+c$;

7. (1) $\tan x-\sec x+c$(上下同乘 $1-\sin x$);   (2) $x-\tan x+\sec x+c$;
(3) $\ln|1+\sin x|+c$;

8. (1) $-\ln|\cos x|+c$;   (2) $\tan x-x+c$;   (3) $\dfrac{1}{2}\tan^2 x+\ln|\cos x|+c$;

(4) $\dfrac{1}{3}\tan^3 x-\tan x+x+c$;

9. $y=x^2-4$;

10. (1) $-\sqrt{1-e^{2x}}+c$;   (2) $\dfrac{\ln x}{\sqrt{1-(\ln x)^2}}+c$

第七章

A 题

(一)选择题

1. D;   2. D;   3. B;   4. A;   5. C;   6. A;
7. A;   8. B;   9. A;   10. B;   11. D;   12. C;
13. D;   14. A;   15. C;   16. C;   17. B;   18. D;
19. A;   20. A;   21. B;   22. A;   23. D

(二) 判断题

1. T;   2. F;   3. F;   4. F;   5. F;   6. T;
7. T;   8. F;   9. T;   10. T

(三) 填空题

1. $f(x)\mathrm{d}x$;   2. π;   3. $\dfrac{16}{3}$;   4. 2;   5. $\dfrac{5}{2}$;

6. $\dfrac{1}{4}$; 7. $\left[\dfrac{3\pi}{8},\ \dfrac{\pi}{2}\right]$; 8. $\dfrac{2}{3}(\sqrt{8}-1)$; 9. 6

(四) 计算题

1. $\dfrac{1}{6}$; 2. 2; 3. $\cot t$; 4. $y'=-\dfrac{\cos x}{e^{y}}$;

5. (1) $\dfrac{\pi}{4}-\dfrac{2}{3}$; (2) $\dfrac{\pi}{2}$; (3) $\dfrac{\pi}{4}$; (4) $\dfrac{\pi}{4}-\dfrac{1}{2}$; (5) $\dfrac{4}{3}$

6. $\displaystyle\int_{0}^{x}f(t)\,\mathrm{d}t=\begin{cases}\dfrac{x^{2}}{2}, & x<1,\\[2mm]\dfrac{x^{3}}{3}+\dfrac{1}{6}, & x\geqslant 1.\end{cases}$

(五) 证明题

1. 利用换元积分法，令 $x=\dfrac{\pi}{2}-t$;

2. 略; 3. 略。

<h2 style="text-align:center">B 题</h2>

(一) 选择题

1. C; 2. B; 3. A; 4. D;
5. B; 6. D; 7. D; 8. A

(二) 填空题

1. e; 2. $e^{2}-e$; 3. $\dfrac{1}{200}$; 4. 0; 5. $\dfrac{\pi}{8}$

(三) 计算题

1. 1; 2. $\dfrac{\pi^{2}}{4}$; 3. $4-2\ln 3$; 4. $\dfrac{\pi}{3\sqrt{3}}$; 5. 2;

6. $\dfrac{1}{4}+\ln 2$; 7. $1-\dfrac{1}{2}\sin 2$; 8. $\dfrac{2}{5}(1+\ln 2)$; 9. e;

10. 极小值 $y(0)=0$，拐点为 $\left(1,\ 1-\dfrac{2}{e}\right)$; 11. $g(3)=-\dfrac{1}{4}$

<h1 style="text-align:center">第八章</h1>

<h2 style="text-align:center">A 题</h2>

(一) 选择题

1. C; 2. D; 3. B; 4. D; 5. A; 6. C;
7. A; 8. D; 9. D; 10. C

(二) 填空题

1. $\displaystyle\int_{0}^{1}(e^{y}-1)\,\mathrm{d}y$; 2. $\displaystyle\int_{0}^{\frac{\pi}{2}}\cos x\,\mathrm{d}x-\int_{\frac{\pi}{2}}^{\frac{3\pi}{2}}\cos x\,\mathrm{d}x+\int_{\frac{3\pi}{2}}^{2\pi}\cos x\,\mathrm{d}x$;

3. $2\int_0^{\sqrt{2}}(2x-x^3)\,dx$; $2\int_0^{\sqrt[3]{2}}\left(\sqrt[3]{y}-\dfrac{y}{2}\right)dy$; 4. y; 5. $V=\pi\int_0^1(e^x)^2\,dx-\pi\int_0^1(e^{-x})^2\,dx$

（三）判断题

1. T；   2. T；   3. T

（四）计算题

1. （1）$\dfrac{1}{2}+\ln3$；（2）$e+\dfrac{1}{e}-2$；（3）$\dfrac{9}{2}$；（4）$\dfrac{15}{2}-2\ln2$；（5）$\dfrac{1}{3}$

2. $\dfrac{1}{2}$；   3. （1）$\dfrac{1}{6}$；（2）$\dfrac{\pi}{6}$；   4. （1）$\dfrac{1}{6}$；（2）$\dfrac{\pi}{30}$；   5. 12π

B 题

（一）计算题

1. $2(\sqrt{2}-1)$；   2. （1）$\dfrac{4}{3}$；（2）$\dfrac{4\pi}{3}$；   3. （1）$\dfrac{4}{3}$；（2）$\dfrac{16\pi}{15}$；（3）$\dfrac{\pi}{2}$；   4. $\ln(\sqrt{2}+1)$